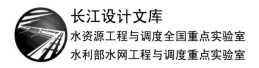

长江设计文库

水资源工程与调度全国重点实验室

水利部水网工程与调度重点实验室

南水北调中线一期工程技术丛书

穿黄隧洞工程设计与研究

钮新强　张传健　游万敏　等　著

U0196682

科学出版社

北　京

内 容 简 介

本书为"南水北调中线一期工程技术丛书"之一。穿黄隧洞工程是南水北调中线一期工程的关键性工程，其中长达 4.25 km 的穿黄隧洞采用盾构机施工，横穿黄河河床，是中线总干渠的咽喉。穿黄隧洞工程规模大，地质条件复杂，需面对河床游动、深度冲淤、砂土地震液化、软土震陷、隧洞渗漏、围土稳定、高压输水安全与长期运用等一系列问题。本书针对穿黄隧洞工程的建设难点，对隧洞布置、水下软土地层高压输水隧洞、饱和砂土地层大型超深竖井等方面的设计关键技术进行系统研究。本书较全面地总结穿黄隧洞工程设计与施工中的各项先进技术和工程经验，可以为以后类似工程的建设提供借鉴和参考。

本书可供水利水电、土木建筑、交通隧道等工程技术人员和相关学科专业研究生参考阅读。

图书在版编目（CIP）数据

穿黄隧洞工程设计与研究/钮新强等著.—北京：科学出版社，2024.8
（南水北调中线一期工程技术丛书）
ISBN 978-7-03-077910-6

Ⅰ.① 穿…　Ⅱ.① 钮…　Ⅲ. ①南水北调－水利工程－水工隧洞－隧道工程－研究　Ⅳ. ①TV672

中国国家版本馆 CIP 数据核字（2023）第 250629 号

责任编辑：何　念/责任校对：高　嵘
责任印制：彭　超/封面设计：无极书装

科 学 出 版 社 出版
北京东黄城根北街 16 号
邮政编码：100717
http://www.sciencep.com
武汉精一佳印刷有限公司印刷
科学出版社发行　各地新华书店经销
*

开本：787×1092　1/16
2024 年 8 月第 一 版　印张：12
2024 年 8 月第一次印刷　字数：281 000
定价：158.00 元
（如有印装质量问题，我社负责调换）

钮新强

钮新强，中国工程院院士，全国工程勘察设计大师。现任长江设计集团有限公司首席科学家，水利部水网工程与调度重点实验室主任，博士生导师，曾获全国杰出专业技术人才、全国优秀科技工作者、全国五一劳动奖章、全国先进工作者、全国创新争先奖、国际杰出大坝工程师奖、国际咨询工程师联合会（International Federation of Consulting Engineers，FIDIC）百年优秀咨询工程师等荣誉。

长期从事大型水利水电工程设计和科研工作，主持和参与主持长江三峡、南水北调中线、金沙江乌东德水电站、引江补汉等国家重大水利水电工程设计项目 20 余项，主持或作为主要研究人员参与国家重点研发计划项目、重大工程技术研究项目 100 余项。2002 年起负责南水北调中线工程总体可研和各阶段设计研究工作，主持完成了丹江口大坝加高、穿黄工程等重点项目的设计研究，提出了"新老混凝土有限结合"等重力坝加高设计新理论，研发了"盾构隧洞预应力复合衬砌"新型输水隧洞，攻克了南水北调中线工程多项世界级技术难题。目前正在负责南水北调中线后续工程——引江补汉工程的勘察设计工作，为新时期国家水资源优化配置和水利行业发展做出了重要贡献。先后荣获国家科学技术进步奖二等奖 5 项，省部级科学技术奖特等奖 10 项，主编/参编国家和行业标准 5 项，出版《水库大坝安全评价》《全衬砌船闸设计》等专著 11 部。

张传健

张传健，教授级高级工程师，国家注册土木工程师（岩土、水工结构）、咨询工程师，长江设计集团有限公司副总工程师。

先后参加了长江三峡、南水北调、青海引大济湟、云南滇中引水等十余项大中型水利水电工程设计工作。参加了"十一五"国家科技支撑计划课题"复杂地质条件下穿黄隧洞工程关键技术研究""大流量预应力渡槽设计和施工技术研究"，"十二五"国家科技支撑计划项目"南水北调中线工程膨胀土和高填方渠道建设关键技术研究与示范"，以及"十三五"国家重点研发计划项目"长距离调水工程建设与安全运行集成研究及应用"等多项国家科研课题的研究。获省部级科学技术进步奖、优秀勘察设计及优质工程奖 6 项，取得 6 项发明专利、4 项实用新型专利，参编专著 2 部、行业标准 3 部，发表论文 20 余篇。

游万敏

游万敏，长江设计集团有限公司引调水工程设计研究院副院长，高级工程师。

长期从事大型水利水电工程设计和科研工作，参与南水北调中线、皂市水利枢纽、引江补汉、重庆藻渡水库等国家重大水利水电工程设计，参与国家重点研发计划项目、重大工程技术研究项目 3 项，承担南水北调中线工程的安全风险评估、膨胀土渠坡变形机理及系列处理措施研究、总干渠输水能力提升等的研究工作。先后荣获全国优秀水利水电工程勘测设计奖、水力发电科学技术奖 4 项，中国水利工程优质（大禹）奖 1 项，参与出版《皂市水利枢纽设计与技术创新》等专著。

《穿黄隧洞工程设计与研究》

钮新强　张传健　游万敏 等　著

写 作 分 工

章序	章名	撰稿	审稿
第1章	穿黄工程建设条件	游万敏、张延仓、吴泽宇、梅润雨	符志远、吕国梁
第2章	穿黄隧洞重大技术问题研究	钮新强、张传健、李安斌、上官江、颜天佑、李雅诗	符志远、吕国梁
第3章	隧洞结构设计	张传健、李安斌、游万敏、上官江、潘 江、汪 洋、李建贺	符志远、吕国梁
第4章	施工竖井设计	石 裕、周 嵩、曾 路	倪锦初、李 蘅
第5章	穿黄隧洞工程施工	赵 峰、姚勇强、罗立哲、朱学贤	倪锦初、苏利军
第6章	穿黄隧洞运行及安全监测	张传健、段国学、刘 琪、李少林	颜天佑

序

南水北调中线一期工程，是解决我国北方水资源匮乏问题，关系到北方地区城镇居民生产生活、国民经济可持续发展的战略性工程，是世界上最大的跨流域调水工程。早在 20 世纪 50 年代，毛泽东主席就提出："南方水多，北方水少，如有可能，借点水来也是可以的。"为实现这一宏伟目标，经过广大水利战线的勘察、科研、设计人员和大专院校的专家、学者几代人的不懈努力，南水北调中线一期工程于 2014 年 12 月建成通水，截至 2024 年 3 月，累计向受水区调水超 620 亿 m³。工程已成为沿线大中城市的供水生命线，发挥了显著的经济、社会、生态和安全效益，从根本上改变了受水区供水格局，改善了供水水质，提高了供水保证率；并通过生态补水，工程沿线河湖生态环境得到改善，华北地区地下水超采综合治理取得明显成效，工程综合效益进一步显现。

南水北调中线一期工程主要包括水源工程丹江口大坝加高工程、输水总干渠工程、汉江中下游治理工程等部分。其中，输水总干渠全长 1 432 km，跨越长江、黄河、淮河、海河 4 个流域，全程与河流、公路、铁路、当地渠道等设施立体交叉，全线自流输水。丹江口大坝加高工程是我国现阶段规模最大、运行条件下实施加高的混凝土重力坝加高工程；输水总干渠渠道穿越膨胀土、湿陷性黄土、煤矿采空区等不良地质单元，渠道与当地大型河流、高等级公路交叉条件复杂，渡槽工程、倒虹吸工程、跨渠桥梁等交叉建筑物的工程规模、技术难度前所未有。

作者钮新强院士是南水北调中线一期工程设计主要负责人，由他率领的设计研究技术团队，与国内科研院所、建设单位等协同攻关，大胆创新突破，在丹江口大坝加高工程方面，由于特殊的运行环境，常规条件下新老坝体结构难以确保完全结合，首创性地提出了重力坝加高有限结合结构新理论，以及成套结合面技术措施，确保了大坝加高工程安全可靠；在大量科学试验研究的基础上揭示了膨胀土渠道边坡破坏机理，解决了深挖方、高填方膨胀土渠道工程施工开挖、坡面保护、边坡稳定分析、长大裂隙控制等边坡稳定问题；黄河为游荡性河流，为减少施工对黄河河势的影响，创新性提出了总干渠采用盾构法下穿黄河，研发了盾构法施工的双层衬砌预应力盾构隧道结构，较好地解决了穿黄隧洞适应高内水压力、黄河游荡带来的多变隧洞土压力等一系列问题；在超大型渡槽结构方面，针对不同槽型开展结构优化研究，发明的造槽机及施工新工艺等技术将超大规模 U 形渡槽设计、施工提升到一个新的水平，首次提出了梯形多跨连续渡槽新型槽体结构。技术研究团队取得了丰硕的创新成果，多项成果达国际领先水平。

该丛书作者均为长期从事南水北调中线一期调水工程设计、科研的科技人员，他们将设计研究经验总结凝练，著成该丛书，可供引调水工程设计、科研人员借鉴使用，也可供大专院校水利水电工程输调水专业师生参考学习。

  按照国家"十四五"规划，在未来几年国家将加快构建国家水网，完善国家水网大动脉和主骨架，推动我国水资源综合利用与开发，修复祖国大好河山生态环境，改善广大人民群众生产生活条件，为国民经济建设可持续发展提供动力，造福人民。为此，我国调水工程的建设必将迎来发展春天，并提出诸多新的需求，该丛书的出版，可谓恰逢其时。期待这部凝结了几代设计、科研人员智慧、青春的重要文献，对我国未来输调水工程建设事业的发展起到促进作用。

  是为序。

中国工程院院士

2024 年 5 月 16 日

前　言

穿黄隧洞工程是南水北调中线总干渠与黄河的交叉建筑物，是总干渠上建设规模最大、技术最复杂的工程，也是控制工期的关键性工程，其设计流量为 265 m³/s，加大流量为 320 m³/s。穿黄隧洞工程采用 2 条盾构隧洞穿越黄河，单洞长 4 250 m，隧洞内径为 7.0 m。隧洞需要穿越游荡性河段，该河段所处围土为饱和砂土地层，地质条件复杂，内水压达 0.51 MPa，为国内首例采用盾构法施工的软土地层大型高压输水隧洞，技术难度大幅度超出我国同期已有工程的经验和规范适用范围。技术难点尤以水下软土地层高压输水结构和软土地层超深竖井等问题最为突出，能否攻克，直接影响南水北调中线一期工程建设和我国水资源配置战略实施成效。

穿黄隧洞设计研究工作始于 20 世纪 90 年代，2005 年工程开工后，"十一五"国家科技支撑计划重大项目专门设立了课题"复杂地质条件下穿黄隧洞工程关键技术研究"。通过对工程总体布置优化和多项专题研究，包括建立埋深 30 余米的隧洞 1:1 仿真试验模型，较真实地模拟外部水土环境和内水压力等工况条件，攻克了一系列技术难题，取得了多项创新成果，并在穿黄隧洞工程中成功应用。主要成果包括：①研发应用"盾构隧洞预应力复合衬砌"新型衬砌结构形式，提出了管片外衬与预应力内衬"结构联合、功能独立"的复合结构设计理论与分析方法，建立了相应的设计控制标准体系。攻克了多相复杂软土地层高压输水隧洞结构受力、高压内水外渗导致围土失稳破坏，以及适应河床游荡作用引起的纵向动态大变形难题。②研发了超深竖井井壁设置弧形始发反力座的新型双层复合衬护竖井，提出了双层结构联合受力动态结构设计理论与分析方法，提出了饱和砂土地层超深竖井防渗防水成套技术，解决了超深竖井结构稳定、受力、防渗及超深盾构始发布置与到达防水技术难题。工程运行实践表明，穿黄隧洞工程设计采用的各项技术措施达到了预期目的，工程运行安全可靠。

本书结合南水北调中线一期工程实践，系统总结穿黄隧洞工程勘察、设计、科研等成果，凝结设计研究团队及众多前辈专家的心血和经验，如穿黄隧洞工程设计总工、现场设计负责人符志远多年坚守在现场，全过程掌握一手资料，适时优化设计，不断探索解决工程建设中遇到的难题，为本书提供了大量素材。为使穿黄隧洞工程建设技术得到更广泛的应用，作者较全面地总结穿黄隧洞工程设计与施工中的各项先进技术和工程经验，可为以后类似工程建设提供借鉴和参考。本书编写过程中，得到谢向荣、过迟、廖仁强、吴德绪、刘百兴、邓加林、夏叶青等专家的热忱指导，他们提出了很多宝贵意见。在本书编辑出版过程中，得到科学出版社的大力支持。在此，谨向所有参加设计研究的专家、科研人员表示衷心的感谢和崇高的敬意。

限于编者水平和穿黄隧洞工程的复杂性，本书中的疏漏在所难免，衷心期待读者提出指正和修改意见。

作　者

2024 年 5 月 20 日

南水北调工程

1. 南水北调——国家水网骨干工程

南水北调构想最早可追溯至 20 世纪 50 年代初。1953 年 2 月，毛泽东主席视察长江，时任长江流域规划办公室（简称"长办"）主任的林一山随行陪同，在"长江"舰上毛泽东问林一山："南方水多，北方水少，能不能从南方借点水给北方？"毛泽东主席边说边用铅笔指向地图上的西北高原，指向腊子口、白龙江，然后又指向略阳一带地区，指到西汉水，每一处都问引水的可能性，林一山都如实予以回答，当毛泽东指到汉江时，林一山回答说："有可能。"1958 年 8 月，《中共中央关于水利工作的指示》明确提出："全国范围的较长远的水利规划，首先是以南水（主要是长江水系）北调为主要目的的，即将江、淮、河、汉、海河各流域联系为统一的水利系统的规划，……应即加速制订。"第一次正式提出了南水北调。

长江是我国最大的河流，水资源丰富且较稳定，特枯年水量也有 7 600 亿 m^3，长江的入海水量占天然径流量的 94% 以上。长江自西向东流经大半个中国，上游靠近西北干旱地区，中下游与最缺水的华北平原及胶东地区相邻，兴建跨流域调水工程在经济、技术条件方面具有显著优势。为缓解北方地区东、中、西部可持续发展对水资源的需求，从社会、经济、环境、技术等方面，在反复比较了 50 多种规划方案的基础上，逐步形成了分别从长江下游、中游和上游调水的东线、中线、西线三条调水线路，与长江、黄河、淮河、海河四大江河联系，构成以"四横三纵"为主体的国家水网骨干。

2. 东中西调水干线

1）东线工程

东线工程从长江下游扬州附近抽引长江水，利用京杭大运河及与其平行的河道逐级提水北送，并连通起调蓄作用的洪泽湖、骆马湖、南四湖、东平湖。出东平湖后分两路输水：一路向北，在位山附近经隧洞穿过黄河，通过扩挖现有河道进入南运河，自流到天津；另一路向东，通过胶东地区输水干线经济南输水到烟台、威海。解决津浦铁路沿线和胶东地区的城市缺水及苏北地区的农业缺水问题，补充山东西南、山东北和河北东南部分农业用水及天津的部分城市用水。

2）中线工程

中线工程从长江支流汉江丹江口水库陶岔引水，经唐白河流域西部过长江流域与淮河流域的分水岭方城垭口，沿华北平原西部边缘，在郑州以西李村处经隧洞穿过黄河，沿京广铁路西侧北上，可基本自流到北京、天津。解决沿线华北地区大中城市工业生产和城镇居民生活用水匮乏的问题。

3）西线工程

西线工程从长江上游通天河和大渡河、雅砻江及其支流引水，开凿穿过长江与黄河分水岭巴颜喀拉山的输水隧洞，调长江水入黄河上游。解决涉及青海、甘肃、宁夏、内蒙古、陕西、山西 6 省（自治区）的黄河中上游地区和关中平原的缺水问题。

中 线 工 程

南水北调中线工程是"四横三纵"国家水网骨干的重要组成部分，也是华北平原可持续发展的支撑工程。

中线工程地理位置优越，可基本自流输水；水源水质好，输水总干渠与现有河道全部立交，水质易于保护；输水总干渠所处位置地势较高，可解决北京、天津、河北、河南 4 省（直辖市）京广铁路沿线的城市供水问题，还有利于改善生态环境。近期从丹江口水库取水，可满足北方城市缺水需要，远景可根据黄淮海平原的需水要求，从长江三峡水库库区调水到汉江，使之有充足的后续水源。也就是说，中线工程分期建设，中线一期工程于 2003 年 12 月 30 日开工建设，2014 年 12 月 12 日正式通水。

中线一期工程概况

中线一期工程从丹江口水库自流引水，多年平均调水量为 95 亿 m^3，输水总干渠陶岔渠首设计至加大引水流量为 350～420 m^3/s，过黄河为 265～320 m^3/s，进河北为 235～280 m^3/s，进北京为 50～60 m^3/s，天津干渠渠首为 50～60 m^3/s。中线一期工程主要建设项目包括丹江口大坝加高工程、输水总干渠工程、汉江中下游治理工程，为确保中线工程一渠清水向北流，还实施了丹江口水库库区及上游水污染防治和水土保持规划，且输水总干渠全线实行封闭管理。

一、丹江口大坝加高工程

南水北调中线一期工程研究了从长江三峡水库库区大宁河、香溪河、龙潭溪、丹江口水库引水等各种水源方案，并就丹江口大坝加高与不加高条件下，丹江口水库可调水量及调水后对汉江中下游的影响进行了综合分析。经技术经济比较，推荐丹江口大坝加高水源方案。丹江口水库实施大坝加高后，可调水量可满足 2010 年水平年中线受水区城市需求，调水对汉江中下游的影响可通过实施汉江中下游治理工程得以解决。

1. 大坝加高工程规模

丹江口大坝加高工程在初期大坝坝顶高程 162 m 的基础上加高 14.6 m 至 176.6 m，两岸土石坝坝顶高程加高至 176.6 m。正常蓄水位由 157 m 提高到 170 m，相应库容由 174.5 亿 m^3 增加至 290.5 亿 m^3，校核洪水位变为 174.35 m，总库容变为 319.50 亿 m^3，水库主要任务由防洪、发电、供水和航运调整为防洪、供水、发电和航运。实施丹江口大坝加高工程后，汉江中下游地区的防洪标准由不足 20 年一遇提高到近 100 年一遇，丹江口水库可向北方提供多年平均 95 亿 m^3 的优质水，航运过坝能力由 150 t 级提高到 300 t 级，发电效益基本不变。

2. 大坝加高方案

1）关键技术问题研究

由于汉江中下游的防洪要求，丹江口大坝加高工程需要在正常运行条件下实施，多年现场试验和数值模拟结果表明：一方面，在外界气温年季变换的影响和作用下，大坝加高工程的新老混凝土难以结合为整体；另一方面，丹江口大坝自初期工程完建到实施加高工程已运行近 40 年，初期坝体不可避免地存在一些混凝土缺陷需要处理，同时还需要协调好初期大坝金属结构和机电设备的补强和更新与防洪调度的关系。因此，丹江口大坝加高工程的关键技术问题是需要妥善解决新老混凝土有限结合条件下新老坝体联合受力的问题；在运行条件下对初期大坝进行全面检测并妥善处理初期大坝存在的混凝土缺陷，并分析预测混凝土缺陷对加高工程的影响；加强大坝加高施工组织，协调好大坝加高施工场地、交通条件、金属结构和机电设备的加固更新与水库防洪调度之间的关系。

为系统解决丹江口大坝加高工程的关键技术问题，在工程前期设计中先后开展了 3 次现场试验，"十一五"国家科技支撑计划项目也针对丹江口大坝的新老混凝土结合问题、初期大坝混凝土缺陷处理、初期大坝基础渗控系统的耐久性评价与高水头条件下的帷幕补强灌浆等技术问题开展了研究，确立了系统的后帮有限结合大坝加高技术、初期大坝混凝土缺陷检查与处理技术、大坝基础防渗体系检测与加固技术。

2）重力坝加高方案

丹江口大坝混凝土坝段均采用下游直接贴坡加厚、坝顶加高方式进行加高。坝顶加高前对初期混凝土大坝进行全面检查，对存在的纵向、横向、竖向裂缝和水平层间缝等重要混凝土缺陷采用结构加固与防渗处理相结合的方式进行了处理。对大坝下游贴坡混凝土与初期大坝之间的新老混凝土结合面，采取凿除碳化层、修整结合面体型、设置榫槽、布置锚筋、加强新浇混凝土温控措施和早期混凝土表面保温等一系列措施进行处理。对大坝初期工程的基础渗控措施进行了改造，并进行了防渗灌浆加固处理。对表孔溢流坝段溢流面采用柱状浇筑方式进行坝顶和闸墩加高，加高后的堰面曲线基本相同，设计洪水条件下堰上泄洪能力维持不变，下游消能方式仍为挑流消能，对溢流坝闸墩采用植筋方式进行加固处理，并利用新浇的坝面梁形成框架体系，改善闸墩结构的受力条件；在新老混凝土结合面布置排水廊道，防止结合面内产生渗压，影响加高坝体的结构稳定和应力。

3）土石坝加高方案

丹江口水库的左岸土石坝采用下游贴坡和坝顶加高的方式进行加高，右岸土石坝改线重建，新建左坝头副坝和董营副坝。

3. 丹江口水库运行调度

丹江口大坝加高后，水库任务调整为防洪、供水、发电、航运；丹江口水库首先满足汉江中下游防洪任务，在供水调度过程中，优先满足水源区用水，其次按确定的输水工程规模尽可能满足北方的需调水量，并按库水位高低，分区进行调度，尽量提高枯水年的调水量。

1）水库运行水位控制

考虑到汉江中下游防洪要求，丹江口水库 10 月 10 日～次年 5 月 1 日可按正常蓄水位170 m 运行；5 月 1 日～6 月 20 日水库水位逐渐下降到夏季防洪限制水位 160 m；6 月21 日～8 月 21 日水库维持在夏季防洪限制水位运行；8 月 21 日～9 月 1 日水库水位由 160 m 向秋季防洪限制水位 163.5 m 过渡；9 月 1 日～10 月 10 日水库可逐步充蓄至 170 m。

2）运行调度方式

当水库水位超过夏季或秋季防洪限制水位或者超过正常蓄水位时，丹江口水库泄水设备的开启顺序依次为深孔、14～17 坝段表孔、19～24 坝段表孔；陶岔渠首按总干渠最大输水能力供水，清泉沟按需引水，水电站按预想出力发电；水库水位尽快降至相应时

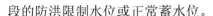

段的防洪限制水位或正常蓄水位。

当水库水位在防洪调度线与降低供水线之间运行时，陶岔渠首按设计流量供水，清泉沟、汉江中下游按需水要求供水。当水库水位在供水线与限制供水线之间运行时，陶岔渠首引水流量分别为 300 m³/s、260 m³/s。当水库水位位于限制供水线与极限消落水位之间时，陶岔渠首引水流量为 135 m³/s。

4. 加高后的丹江口水库运行

丹江口大坝加高工程 2005 年开工建设，2013 年通过了水库蓄水验收，2021 年通过了 170 m 正常蓄水位的考验，各项监测数据表明，加高后的大坝工作性态正常。

二、输水总干渠工程

南水北调中线一期工程输水总干渠自丹江口水库陶岔取水，经河南、河北自北拒马河进入北京团城湖，沿途向河南、河北、北京受水对象供水；自河北的西黑山分水至天津外环河，沿途向河北、天津用户供水。

由于总干渠输水流量大，为降低输水运行费用，结合总干渠沿线地形地质条件，经多方案技术经济比较，中线工程的输水总干渠以明渠为主，局部穿城区域采用压力管道，天津干线则采用地埋箱涵。由于中线工程的服务对象为沿线大中城市的工业生产和城镇居民生活，供水量大、水质要求高；总干渠沿线与其交叉的河流、渠道、公路、铁路均按立交方案设计。陶岔渠首与总干渠沿线控制点之间的水位差，可基本实现全线自流供水，北拒马河到团城湖的流量大于 20 m³/s 时需用泵站加压输水。

1. 总干渠线路

中线工程的主要供水范围是华北平原，主要任务是向北京、天津及京广铁路沿线的城市供水。根据地形条件，黄河以南线路受陶岔枢纽、方城垭口、穿黄工程合适布置范围三个节点控制，依据渠道水位、地形地质条件，沿伏牛山、嵩山东麓，在唐白河及华北平原的西部顺势布置。黄河以北线路比较了新开渠和利用现有河渠方案，经技术经济比较，利用现有河渠方案不宜作为永久输水方案；新开渠方案具有全线能自流、水质保护条件好的特点，为中线工程优选线路方案，即黄河以北线路基本位于京广铁路以西，由南向北与京广铁路平行布置。天津干线研究过民有渠方案、新开渠淀南线、新开渠淀北线、涞水—西河闸线等多条线路方案；由于新开渠淀北线线路较短，占地较少，水质、水量有保证，推荐为天津干线输水路线。

2. 总干渠输水形式

总干渠输水形式比较了明渠、管涵、管涵渠结合多种方案。全线管涵输水虽便于管理、征地较少，但投资高、需要多级加压、运行费用高、检修困难；结合工程建设条件，推荐陶岔至北拒马河采用明渠重力输水，北京段和天津干线采用管涵输水。

3. 总干渠运行调度

中线工程的运行调度涉及丹江口水库、汉江中下游、受水区当地地表水、地下水及中线总干渠的输水调度，关系到全线工程调度的协调性和整体效益的发挥。总干渠工程的输水调度，需综合考虑受水区当地地表水、地下水与北调水联合运用及丰枯互补的作用。

1）北调水与当地水的联合调配

中线水资源配置技术是一项开创性的关键技术，其配置与调度模型包括丹江口水库可调水量、受水区多水源调度及中线水资源联合调配。

受水区已建的可利用的调蓄水库，根据其与输水总干渠的相对地理位置、水位关系等，分为补偿调节水库、充蓄调节水库、在线调节水库，分别在中线供水不足时补充当地供水的缺口，通过水库的供水系统向附近的城市供水，直接或间接调蓄中线北调水。

北调水与受水区当地水联合运用、丰枯互补、相互调剂，各水源的利用效率得以充分发挥，受水区供水满足程度一般在95%以上。

2）总干渠水流控制方式

为了有效控制总干渠水位和分段流量，总干渠建有 60 余座节制闸。输水期间采用闸前常水位控制方式。总干渠供水流量较小时，可利用渠道的水力坡降变化提供少许调节容量用于调节分水口门的取水量；大流量供水时渠道可提供的调蓄容量逐渐消失，分水口门供水量保持基本稳定或按总干渠安全运行要求进行缓慢调节。

总干渠全线采用现代集控技术，系统实现对总干渠各节制闸和沿线分水口门的联动控制。输水期间，依据水力学运动规律和总干渠安全运行要求，根据渠段分水量变化情况分段调整总干渠的供水流量，通过综合协调总干渠不同渠段内各分水口门之间的分水流量变化，减小影响范围和流量变化幅度，提高用户分水口门流量变化的响应速度；或者通过调整陶岔入渠水量，缩短用户供水需求变化的响应时间，避免水资源浪费。

总干渠供水期间，要求总干渠各用户提前一周到两周制订用水计划，由管理部门结合沿线分水口门用水量变化情况和安全供水要求进行审核，必要时在基本满足时段供水量的基础上对部分分水口门的供水过程进行适当调整，审批确认后执行。

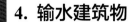

4. 输水建筑物

输水总干渠以明渠为主，北京段、天津干线采用管（涵）输水；中线一期工程总干渠总长 1 432 km，布置各类交叉建筑物、控制建筑物、隧洞、泵站等，总计 1 796 座，其中，大型河渠交叉建筑物 164 座，左岸排水建筑物 469 座，渠渠交叉建筑物 133 座，铁路交叉建筑物 41 座，公路交叉建筑物 737 座，控制建筑物 242 座，隧洞 9 座，泵站 1 座。

1）输水明渠

输水明渠按挖填情况分为全挖方、半挖半填、全填方渠道，为降低渠道过水表面粗糙系数，固化过水断面，过水断面采用混凝土衬砌。地基渗透系数大于 10^{-5} cm/s 的渠段和不良地质渠段，混凝土衬砌板下方设置土工膜防渗。对于设有防渗土工膜、地下水位高于渠道运行低水位的渠段，衬砌板下方设置排水系统，以降低衬砌板下的扬压力，保持衬砌板和防渗系统的稳定。对于存在冰冻问题的安阳以北渠道，在衬砌板下方增设保温板。当渠道地基存在湿陷性黄土时，一般采用强夯或挤密桩处理；存在煤矿采空区而无法回避时，采用回填灌浆处理；对于膨胀土挖方渠道和填方渠道，采用了坡面保护和深层稳定加固等措施。

中线一期工程总干渠沿线分布有膨胀岩土的渠段累计长 386.8 km。其中，淅川段的深挖方渠道开挖深度达 40 余米，膨胀土边坡问题尤为突出。"十一五"、"十二五"和"十三五"国家科技支撑计划项目针对膨胀土物理力学特性、胀缩变形对土体结构的影响、边坡破坏机理、坡面保护、多裂隙条件下的深层稳定计算、深挖方膨胀土渠道边坡加固、岩土膨胀等级现场识别、膨胀土开挖边坡临时保护、水泥改性土施工及检测等，开展了专项研究和现场试验，确定了膨胀土坡面采用水泥改性土或非膨胀土保护、地表水截流、地下水排泄、边坡加固的"防、截、排、固"膨胀土渠坡综合处理措施。总干渠通水运行以来，膨胀土渠道过水断面总体稳定。

2）穿黄工程

黄河是中国的第二大河流，泥沙含量大。穿黄工程所处河段河床宽阔，河势复杂，主河道游荡性强，南岸位于郑州以西约 30 km 的邙山李村电灌站附近，与中线工程总干渠荥阳段连接；北岸出口位于河南温县黄河滩地，与焦作段相连，全长 23.937 km；穿越黄河隧洞段长 3.5 km，经水力学计算隧洞过水断面直径为 7.0 m，最大内水压力为 0.51 MPa，是南水北调中线的控制性工程。

工程设计开展了河工模型试验，进行了多方案比较，由此确定了穿黄工程路线，选择隧洞作为穿越黄河的建筑物形式。穿黄隧洞采用双层衬砌结构，外衬为预制管片拼装形成的圆形管道，采用盾构法施工，内衬为现浇混凝土预应力结构，内外衬之间设置弹性排水垫层，是我国首例采用盾构法施工的软土地层大型高压输水隧洞。穿黄工程技术难度大，超出我国现有工程经验和规范适用范围。针对穿黄隧洞复杂的运行环境条件、特殊的结构形式设计和施工涉及的关键技术问题，"十一五"国家科技支撑计划项目开展了"复杂地质条件下穿黄隧洞工程关键技术研究"工作，进行了 1∶1 现场模型试验，结合数值模拟分析，系统解决了施工及运行期游荡性河床冲淤变形荷载作用下穿黄隧洞双层衬砌结构受力与变形特性，隧洞外衬拼装式管片结构设计、接头设计与防渗设计，复杂地质条件盾构法施工技术，超深大型盾构机施工竖井结构及渗流控制等一系列前沿性的工程技术问题，取得了一系列重大创新成果。

3）超大规模输水渡槽

渡槽作为南水北调中线总干渠跨越大型河流、道路的架空输水建筑物，是渠系建筑物中应用最广泛的交叉建筑物之一。南水北调中线一期工程总干渠输水渡槽共 27 座，其中，梁式渡槽 18 座。渡槽断面形式有 U 形、矩形、梯形，设计流量以刁河渡槽、湍河渡槽的设计流量 350 m³/s 为最大。渡槽长度则主要根据河道行洪要求和渡槽上游壅水影响经综合比选确定。

三、汉江中下游治理工程

中线一期工程运行后，丹江口水库下泄量减少，对汉江中下游干流水情与河势、河道外用水等造成了一定的影响；需要通过兴建兴隆水利枢纽、引江济汉工程、部分闸站改（扩）建、局部航道整治等四项工程，减少或消除北调水产生的不利影响；汉江中下游治理工程是中线工程的重要组成部分。

1. 兴隆水利枢纽

兴隆水利枢纽是汉江干流渠化梯级规划中的最下一级，位于湖北潜江、天门境内，开发任务是以灌溉和航运为主，兼顾发电。枢纽正常蓄水位为 36.2 m，相应库容为 2.73 亿 m³，规划灌溉面积为 327.6 万亩[①]，规划航道等级为 III 级，水电站装机容量为 40 MW。枢纽由拦河水闸、船闸、电站厂房、鱼道、两岸滩地过流段及上部交通桥等建筑物组成。

兴隆水利枢纽坝址处河道总宽约 2 800 m，河床呈复式断面，建筑物地基及过流面均为粉细砂层。其关键技术难题如下：①超宽蜿蜒型河道建设拦河枢纽需顺应河势，避免航道淤积，保障枢纽综合效益长期稳定发挥；②需要针对粉细砂地基承载能力低、沉降量大、允许渗透比降小，极易发生渗透变形、饱和砂土存在振动液化等特性的大面积地基处理技术；③粉细砂抗冲流速小，抗冲能力低，工程过流面积大，需要安全可靠的消能防冲设计。

为此，根据实际地形地质条件提出了"主槽建闸，滩地分洪；航电同岸，稳定航槽"

---

① 1 亩≈666.67 m²。

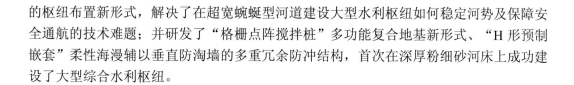

的枢纽布置新形式，解决了在超宽蜿蜒型河道建设大型水利枢纽如何稳定河势及保障安全通航的技术难题；并研发了"格栅点阵搅拌桩"多功能复合地基新形式、"H 形预制嵌套"柔性海漫辅以垂直防淘墙的多重冗余防冲结构，首次在深厚粉细砂河床上成功建设了大型综合水利枢纽。

2. 引江济汉工程

引江济汉工程从长江干流向汉江和东荆河引水，补充兴隆—汉口段和东荆河灌区的流量，以改善其灌溉、航运和生态用水要求。渠道设计引水流量为 350 m^3/s，最大引水流量为 500 m^3/s；东荆河补水设计流量为 100 m^3/s，加大流量为 110 m^3/s。工程自身还兼有航运、撇洪功能。引江济汉工程通过从长江引水可有效减小汉江中下游仙桃段"水华"发生的概率，改善生态环境。

干渠渠首位于荆州李埠龙洲垸长江左岸江边，干渠渠线沿北东向穿荆江大堤，在荆州城西伍家台穿 318 国道、于红光五组穿宜黄高速公路后，近东西向穿过庙湖、荆沙铁路、襄荆高速公路、海子湖后，折向东北向穿拾桥河，经过蛟尾北，穿长湖，走毛李北，穿殷家河、西荆河后，在潜江高石碑北穿过汉江干堤入汉江。

3. 部分闸站改（扩）建

汉江中下游干流两岸有部分闸站原设计引水位偏高，汉江处于中低水位时引水困难，需进行改（扩）建，据调查分析，有 14 座水闸（总计引水流量 146 m^3/s）和 20 座泵站（总装机容量 10.5 MW）需进行改（扩）建。

4. 局部航道整治

汉江中下游不同河段的地理条件、河势控制及浅滩演变有着不同特点。近期航道治理仍按照整治与疏浚相结合、固滩护岸、堵支强干、稳定主槽的原则进行。

四、工程效益

南水北调中线一期工程建成通水以来，运行平稳，达效快速，综合效益显著，基本实现了规划目标。中线工程向沿线郑州、石家庄、北京、天津等 20 多座大中城市和 100 多个县（市）自流供水，并利用工程富余输水能力相机向受水区河流生态补水，有效解决了受水区城市的缺水问题，遏制了地下水超采和生态环境恶化的趋势。汉江水源区水生态环境保护成效显著，中线调水水质常年保持 I～II 类。丹江口大坝加高工程和汉江中下游四项治理工程在供水、航运、发电、防洪、改善水环境等方面发挥了积极作用，实现了"南北两利"。

截至 2024 年 3 月 30 日，南水北调中线一期工程自 2014 年 12 月全面通水以来，已累计向受水区调水超 620 亿 m³，受益人口超 1.08 亿人。

1. 丹江口水利枢纽工程防洪效益、供水效益、生态效益显著

丹江口大坝加高以后，充分发挥了拦洪削峰作用，有效缓解了汉江中下游的防洪压力。从 2017 年 8 月 28 日开始，汉江流域发生了 6 次较大规模的降雨过程，最大入库洪峰流量为 18 600 m³/s，水库实施控泄，出库流量最大为 7 550 m³/s，削峰率为 59%，拦蓄洪量约 12.29 亿 m³，汉江中游干流皇庄站水位最大降低 2 m 左右，避免了蓄滞洪区的运用，有效缓解了汉江中下游的防洪压力。

2021 年汉江再次遭遇明显秋汛，从 8 月 21 日开始，汉江上中游连续发生 8 次较大规模的降雨过程，丹江口水库累计拦洪约 98.6 亿 m³。通过水库拦蓄，平均降低汉江中下游洪峰水位 1.5～3.5 m，超警戒水位天数缩短 8～14 天，避免了丹江口水库以下河段超保证水位和杜家台蓄滞洪区的运用。10 月 10 日 14 时，丹江口水库首次蓄至 170 m 正常蓄水位，汉江秋汛防御与汛后蓄水取得双胜利。

通过实施丹江口水库库区及上游水污染防治和水土保持规划，极大地促进了水源区生态建设，使丹江口水库水质稳定维持在 I～II 类，主要支流天河、竹溪河、堵河、官山河、浪河和滔河等的水质基本稳定在 II 类，剑河和犟河的水质分别由 IV～劣 V 类改善至 II～III 类。

2. 北调水已成为受水区城市供水的主力水源，并有效遏制了受水区地下水超采，生态环境明显改善

南水北调中线一期工程 2003 年开工新建，2014 年建成通水。自通水以来，输水规模逐年递增，到 2019～2020 年供水量为 86.22 亿 m³，运行 6 年基本达效。根据检测数据综合评价，南水北调中线水质稳定在 II 类以上。根据 2019 年 6 月资料分析统计，受水区县、市、区行政区划范围内现状水厂总数为 430 座，北调水受水水厂 251 座，其供水能力占受水区总水厂供水能力的 81%。黄淮海流域总人口 4.4 亿人，生产总值约占全国的 35%，中线一期工程累计向黄淮海流域调水超 400 亿 m³，缓解了该区域水资源严重短缺的问题，为京津冀协同发展、雄安新区建设、黄河流域生态保护和高质量发展等重大战略的实施及城市化进程的推进提供了可靠的水资源保障，极大地改善了受水区居民的生活用水品质。

南水北调中线工程通水后，受水区日益恶化的地下水超采形势得到遏制，实现地下水位连续 5 年回升。河南受水区地下水位平均回升 0.95 m，其中，郑州局部地下水位回升 25 m，新乡局部回升了 2.2 m。河北浅层地下水位 2020 年比 2019 年平均回升 0.52 m，深层地下水位平均回升 1.62 m。北京应急水源地地下水位最大升幅达 18.2 m，平原区地下水位平均回升了 4.02 m。天津深层地下水位累计回升约 3.9 m。

截至 2024 年 3 月，中线一期工程累计向北方 50 多条河流进行生态补水，补水总量近 100 亿 m³，为河湖增加了大量优质水源，提高了水体的自净能力，增加了水环境容量，在一定程度上改善了河流水质。

3. 汉江中下游四项治理工程实施后，灌溉、航运、生态环境保护成效显著

汉江中下游兴隆水利枢纽、引江济汉工程、部分闸站改（扩）建和局部航道整治四项治理工程均于 2014 年建成并投入运行，目前运行平稳，在供水、航运、发电、防洪、改善水环境等方面发挥了积极作用。

截至 2020 年兴隆水利枢纽累计发电 14.32 亿 kW·h；控制范围内灌溉面积由 196.8 万亩增加到 300 余万亩。引江济汉工程累计引水 205.29 亿 m³，连通了长江和汉江航运，缩短了荆州与武汉间的航程约 200 km，缩短了荆州与襄阳间的航程近 700 km；配合局部航道整治实现了丹江口—兴隆段 500 t 级通航，结合交通运输部门规划满足了兴隆—汉川段 1 000 t 级通航条件。

引江济汉工程叠加丹江口大坝加高工程后汉江中下游枯水流量增加，提高了汉江中下游生态流量的保障程度。根据 2011 年 1 月～2018 年 12 月实测流量数据，中线一期工程运行前后 4 年，皇庄断面和仙桃断面的生态基流均可 100%满足；皇庄断面最小下泄流量旬均保证率由 91.7%提升至 100%，日均保证率由 90.4%提升至 98.9%，2017～2019 年付家寨断面、闸口断面、皇庄断面、仙桃断面等主要断面各月水质稳定在 II～III 类，并以 III 类为主。

2016 年和 2020 年汛期，利用引江济汉工程实现了长湖向汉江的撇洪，极大地缓解了长湖的防汛压力。

目 录

第 1 章

穿黄工程建设条件

1.1 工程地理位置

穿黄工程是南水北调中线的控制性工程，上接中线工程总干渠荥阳渠段，下连焦作渠段，全长 19.305 km。

穿黄工程位于河南郑州以西约 30 km 的黄河上，南岸起点位于河南荥阳王村化肥厂南，东西走向转西北向，以明渠形式抵达邙山南坡，以隧洞方案穿越邙山、黄河，至北岸河滩。总干渠沿线地面高程较高，黄河南岸索（河）枯（河）平原地面高程为 120～130 m，邙山高程为 130～180 m。南岸有陇海铁路、G30 连霍高速、沿黄快速通道、石化路从工程区及附近通过。工程区距郑州上街约 10 km，交通便利。

穿黄隧洞北岸出口位于河南温县黄河滩地，向北以填方明渠抵达温县南张羌马庄东。北岸为黄（河）、沁（河）冲洪积平原，河滩地高程 102 m～110 m，南、北岸地面高差超过 10 m。北岸有王园路、X032 县道、X021 县道、S309 省道从工程区穿过。工程区距温县市区约 7 km，交通便利。

穿黄工程附近无跨黄河的桥梁，南、北两岸交通需要绕行巩义东的焦作黄河大桥或下游武荥浮桥，车程约 40 km。

1.2 工程任务与设计标准

1.2.1 工程任务

穿黄工程是南水北调中线工程的重要组成部分，是中线总干渠穿越黄河的关键性工程。黄河是中国的第二大河流，泥沙量大，河面宽阔，主河道随河流洪水游荡，因此穿黄工程也是南水北调中线工程建设中难度最大、技术含量最高的分段工程。

穿黄工程的任务就是将南水北调中线源水安全地从黄河南岸输送至北岸,保障中线工程的供水安全、工程安全和黄河河道的行洪安全;并且,在汉江水量丰沛时,视需要相机向黄河补水[1]。

依据穿黄工程任务,工程设计时考虑了三方面的要求:①满足工程自身的安全要求;②满足中线总干渠输水调度运行的要求;③尽量降低对黄河河道河势和行洪的影响。

考虑工程自身安全、运行维护的需要,穿黄隧洞进口前设有邙山退水洞和进口检修闸,当隧洞检修、出现事故或紧急情况时,可以关闭隧洞进口闸,通过退水洞将渠道的水流退入黄河,从而保障隧洞的工程安全。

1.2.2　设计流量与可利用水头

根据南水北调工程总体规划,南水北调中线一期工程多年平均调水量 95 亿 m^3。丹江口水库渠首闸设计引水流量 350 m^3/s,加大流量 420 m^3/s,扣除渠首引水闸到穿黄工程进口总干渠沿线的分水流量后,穿黄工程设计流量 265 m^3/s,加大流量 320 m^3/s。

经中线总干渠全线水头分配优化研究,2002 年提出了《南水北调中线工程总干渠水头分配优化研究》报告。水利部水利水电规划设计总院多次组织专家审查了相关成果,确定穿黄工程黄河南岸 A 点设计流量下水位为 118 m,黄河北岸 S 点水位为 108 m,可利用水头为 10 m;穿黄工程建筑物过水断面根据设计流量和设计水头确定;加大流量条件下,按总干渠末端加大流量下的水位,以明渠非均匀流向上游推算到黄河北岸 S 点,水位为 108.71 m;黄河南岸 A 点加大流量水位以 S 点加大流量水位,用加大流量,采用明渠非均匀流计算方法,向南岸 A 点推算确定。

邙山退水洞退水流量按穿黄工程进口检修闸前总干渠设计流量的一半确定为 132.5 m^3/s,邙山退水洞进口设计水位与穿黄隧洞进口检修闸前设计流量下的水位相同。

1.2.3　设计洪水标准

按照《水利水电工程等级划分及洪水标准》(SL 252—2000)[①],考虑穿黄工程的特殊重要性,穿黄工程过河建筑物(含隧洞及隧洞进出口建筑物)防洪设计标准按黄河 300 年一遇洪水设计,1 000 年一遇洪水校核。

---

① 工程设计时采用标准。

1.3 穿黄河段工程地质条件

1.3.1 地形地貌

穿黄工程河段南岸邙山为黄土低丘，北岸清峰岭以北为广阔的冲积平原。孤柏咀以西，黄河主流紧靠南岸，形成向右岸凹进的大山湾；以东，主流受孤柏咀矶头挑流作用送至北岸的驾部控导工程。河床高程一般为 98.0～100.0 m，枯水期水位 100.0～102.0 m，水面宽 1～3 km，最大水深约 6 m。

在孤柏咀矶头以西至李寨河段，南岸为侵蚀岸，漫滩缺失，临河岸坡顶高程 180～190 m，发育崩塌体、滑坡体；北岸为堆积岸，发育有高、低漫滩。低漫滩宽 3.6～5.3 km，高程 101.5～103.0 m，新蟒河自西向东流过，河宽 225～250 m，两岸堤顶高程 105.0～106.0 m，于孤柏咀下游注入黄河；高漫滩宽 1.9～2.3 km，滩面高程 102.0～105.0 m，老蟒河由西向东流过，河宽 20～35 m，两岸堤顶高程 103.0～104.9 m。孤柏咀以东，黄河主流向北摆动，南漫滩渐宽，北漫滩渐窄。

北岸平原为黄河一级阶地，阶地地面平坦，西高东低。南平皋以西的清峰岭为土岗，地面高程 107～112 m，以东地面高程逐渐下降并由黄河大堤保护，堤顶高程 103～106 m。

南岸邙山主脊近东西向，最高点高程 224 m，最低点高程 130 m；邙山南坡平缓，坡度 2°～4°，冲沟长，切割浅；北坡临河较陡，坡度 40°～45°，沟坡上发育滑坡和潜蚀洞穴，岸坡后缘常见错落台阶及拉裂缝等变形现象，受河水淘刷、降水入渗等因素影响，长期稳定性较差。邙山的冲沟一般较短，但切割深，其中以位于孤柏咀下游侧的满沟规模较大。

1.3.2 区域地质

1. 区域地质环境

工程区位于华北断块区南部的豫皖断块的北部边缘。构造运动表现为大面积的断块升降，同时又在广泛的沉降和抬升构造单元中形成次一级的雁行排列的深断陷。工程近场址区垂直差异运动十分明显。西北部山地新生代以来强烈上升；西南部黄河谷地晚更新世以前，表现为大幅度下沉，晚更新世以来，则开始回返上升；东部平原处于抬升与凹陷的过渡地带，长期处于下沉状态至今。

2. 区域构造

区域断裂（带）主要有山西断裂带、太行山东麓断裂带、聊城—兰考断裂带、临漳—

3

大名断裂、渭河断裂带和新乡—商丘断裂带。以新乡—商丘断裂带为界，以北内部断裂差异活动强烈，第四纪断裂发育，常有中强震发生；以南断裂和拗陷盆地的差异活动较弱，地震活动性弱于北部。近场区断裂规模均较小，第四纪尤其晚更新世以来活动性较弱，不存在发生强震的构造条件。

3. 地震

目前，华北地区正处于第四个活动期高潮幕后的起伏衰减期，而场址区位于地震活动相对平静的地区。历史上对场址区造成烈度为 5 度以上影响的地震共有 9 次，其中影响烈度较大的有 1587 年河南修武 6 级地震、1668 年郯城 8.5 级地震和 1695 年临汾 8 级地震，场址区的影响烈度为 6 度。数据统计显示，场址未来百年内可能遭受的最大烈度为 7 度。

在场址区 300 km 范围内共划分出 45 个潜在震源区。地震危险性分析表明：场址区地震危险性的主要贡献源为新乡潜在震源区（震级上限 7.5 级）、郑州潜在震源区（震级上限 6.0 级）和焦作潜在震源区（震级上限 6.5 级）。此外，临汾潜在震源区（震级上限 7.0 级）对场址区影响烈度有一定的贡献。

根据中国地震局 2001 年版《中国地震动峰值加速度区划图》（1:4 000 000，50 年超越概率 10%），穿黄工程区地震动基岩加速度峰值为 0.10 g。鉴于穿黄工程的重要性，中国地震局分析预报中心进行了专门的地震危险性分析，并经中国地震局地震烈度评定委员会审定，场址区 50 年超越概率 10%对应的烈度为 6.9 度，基岩面加速度峰值为 0.119 g。

1.3.3 地层岩性

工程勘察深度范围内，上部为厚层第四系覆盖层，下部为新近系软岩。第四系覆盖层自老至新分为中更新统冲洪积层（al+plQ$_2$）、上更新统冲积层（alQ$_3$）、全新统冲积层（alQ$_4$）。

1. 新近系（N）软岩

新近系（N）软岩埋藏于第四系之下，为一套河湖相的黏土岩、砂岩、泥质粉砂岩、砂砾岩层，局部夹泥灰岩，总体胶结极差，局部钙质胶结较好，岩性变化较大，层理不明显。据区域地质资料，总厚度可达数百米，钻孔揭露厚度在 50 m 以上，顶面与上覆第四系之间往往分布有一层杂色泥砾层（黏土、壤土与砾石或钙质结核混合堆积物）或灰白色钙质富集层。

2. 中更新统冲洪积层（al+plQ$_2$）

中更新统冲洪积层（al+plQ$_2$）以棕黄、褐黄或浅棕红色粉质壤土为主，多呈硬塑—

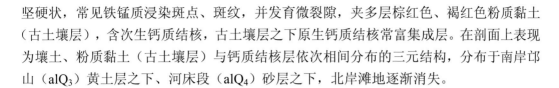

坚硬状，常见铁锰质浸染斑点、斑纹，并发育微裂隙，夹多层棕红色、褐红色粉质黏土（古土壤层），含次生钙质结核，古土壤层之下原生钙质结核常富集成层。在剖面上表现为壤土、粉质黏土（古土壤层）与钙质结核层依次相间分布的三元结构，分布于南岸邙山（alQ$_3$）黄土层之下、河床段（alQ$_4$）砂层之下，北岸滩地逐渐消失。

3. 上更新统冲积层（alQ$_3$）

南岸上更新统冲积层（alQ$_3$）分布于邙山，岩性为灰黄、褐黄色黄土和黄土状粉质壤土，局部夹粉质砂壤土，呈软塑状、可塑状。河床段缺失。北岸漫滩埋藏于全新统冲积层（alQ$_4$）之下，从上到下岩性依次为：灰黑色黏土、壤土层、细砂、中砂及砂砾石层、壤土与黏土层、砂砾石层。青峰岭一带出露地表，为双层结构，上层为灰黄、浅棕黄色黄土状粉质壤土，下层为灰黄色细砂、中砂。

4. 全新统冲积层（alQ$_4$）

根据颜色和沉积韵律分上、下两部分。上部分为一套灰、灰黄色的冲积砂层，下部分为一套灰黑色冲积砂层。上、下两部分均有多个沉积韵律。全新统下部冲积层（alQ$_4^1$），埋藏于全新统上部冲积层之下，主要为中砂，其间夹有腐殖质、淤泥质黏土、壤土、细砂、砂砾石透镜体。全新统上部冲积层（alQ$_4^2$）主要为粉细砂，其中夹壤土透镜体，局部为中砂。表层为壤土或砂壤土，分布于河床及漫滩地表。邙山以南分布有全新统冲积粉质壤土层，灰褐色，可塑状。

1.3.4　水文地质

按其赋存条件及性质可分为砂层孔隙水、黄土孔隙裂隙水和基岩孔隙裂隙水。

1. 砂层孔隙水

砂层孔隙水为潜水，分布于河床和北岸第四系砂层含水层，具中等—强透水性，北岸漫滩地下水位 92.62～101.74 m，北岸冲积平原地下水位 88.5～90.9 m，受黄河水及大气降水补给，以径流方式和农业灌溉方式排泄。孔隙水压力长期观测成果表明，地下水位变幅为 1～2 m。

通过 6 个单孔抽水试验，测得各砂层渗透系数，Q$_4^2$ 粉细砂层为中等透水，Q$_4^2$ 中砂为中等透水，Q$_4^1$ 中砂为强透水。

2. 黄土孔隙裂隙水

黄土孔隙裂隙水分布于邙山黄土类土孔隙裂隙中，为潜水，地下水位 102.00～139.27 m，埋深 4.4～61.2 m，受大气降水补给。邙山岭中间存在地下水分水岭，分水岭以北，地下水向黄河排泄；分水岭以南，地下水由西北流向东南，以地下径流排泄。

采用钻孔抽水、自振法抽水、试坑渗水和室内渗透等水文地质试验，获得黄土渗透性参数，水平方向渗透系数 $k = 7.4 \times 10^{-5} \sim 3.7 \times 10^{-4}$ cm/s，垂直方向渗透系数 $k = 2.3 \times 10^{-4} \sim 7.2 \times 10^{-4}$ cm/s，属弱—中等透水性。

3. 基岩孔隙裂隙水

基岩孔隙裂隙水赋存于新近系胶结不良的砂岩、砂砾岩含水层中，由于黏土岩的阻隔作用，表现为多层含水层，并因胶结程度的差异表现出富水程度及透水性的变化，水量较丰富，其补给、排泄均为地下径流。钙质胶结砂岩与粉砂岩的单位吸水量为 $0.01 \sim 0.08$ L/（min·m·MPa），具弱透水性；松散砂岩具中等—强透水性。孔隙水压力观测表明，砂岩中的地下水位较第四系砂层中的潜水位低约 5 m，具承压性。

黄河水和地下水均为硬水或微硬水，矿化度低，均小于 1 g/L，水化学类型一般为 HCO_3-Ca-Mg 型水或 HCO_3-Ca 型水。黄河水和地下水对混凝土均无腐蚀性。

1.3.5　主要工程地质问题

穿黄隧洞工程存在的主要工程地质问题有饱和砂土液化问题、邙山黄土边坡稳定问题、黄土洞室稳定问题、盾构隧洞的地质问题等。

1. 饱和砂土液化问题

穿黄隧洞工程穿越黄河河床及北岸漫滩，浅层普遍分布有饱和粉细砂，穿黄隧洞工程所在区的基本地震烈度为 7 度，通过地层年代、黏粒含量、土层剪切波速的判别方法，初判其为可液化土层。饱和砂土液化的详细判别综合考虑了标准贯入试验、静力触探试验和室内动三轴试验成果。

由于黄河河床、漫滩的地质结构和水文地质条件略有差别，分河床、低漫滩和高漫滩三个区域，分别进行砂土液化判别。结果表明：河床区（穿黄隧洞段），饱和砂土液化深度为 16.0 m，液化等级为严重液化；北岸低漫滩区，液化深度为 12.0 m，液化等级为中等—严重；北岸高漫滩区，洪水条件下液化深度为 8.0 m，液化等级为轻微，自然水位条件下不存在液化问题。

2. 邙山黄土边坡稳定问题

南岸邙山沟壑纵横，临黄河边坡高 $80 \sim 120$ m，渠道开挖形成的人工边坡最高 60 m，存在边坡稳定问题。

根据野外调查和分析，穿黄工程邙山段存在 4 种形式的黄土滑坡，如图 1.3.1 所示。

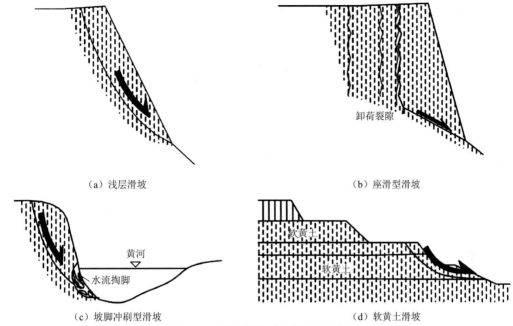

（a）浅层滑坡　　　　　　　　　　　　　　　（b）座滑型滑坡

（c）坡脚冲刷型滑坡　　　　　　　　　　　　（d）软黄土滑坡

图 1.3.1　黄土边坡破坏类型示意图

1）浅层滑坡

在长期降雨情况下，坡体表层湿土的抗剪强度大幅降低，在自重作用下产生滑动。这类滑坡体的厚度一般不大，滑坡体积也不大，滑床倾角较陡，接近于黄土自然坡角。

2）座滑型滑坡

滑坡体积较小，滑体后壁陡立，滑动倾角不大，后缘常形成台阶形边坡，主要是在卸荷裂隙与水的共同作用下产生。

3）坡脚冲刷型滑坡

滑坡规模较大，滑床多呈圆弧形，主要是受河水的侧向侵蚀作用，坡脚土体被冲蚀掏空所致。

4）软黄土滑坡

在南岸明渠段，邙山黄土中有两层饱和软黄土，由于其抗剪强度较低，渠道开挖后会沿软黄土产生滑坡。

3. 黄土洞室稳定问题

穿黄工程退水洞为黄土隧洞，位于地下水位以下，地下水埋深高于洞顶 3.7～21 m，洞室开挖存在稳定问题。

根据勘察期间开挖的勘探平硐的破坏情况进行分析判断，影响黄土隧洞稳定性的因素主要有地下水、土的物理力学性质、隧洞埋深和尺寸、施工方法等。其中，地下水和施工方法起着决定性的作用，因此建议隧洞开挖应采取降水措施，分步开挖，先拱后墙，并做好超前支护。

4. 盾构隧洞的地质问题

穿黄工程盾构隧洞应考虑的地质问题归纳起来有盾构机选型应考虑的地质问题、刀盘磨损应考虑的地质问题、隧洞埋深应考虑的地质问题和施工中可能遇到的障碍物。

盾构机选型主要考虑设计隧洞范围内各类土层的分布，穿黄隧洞主要由砂层和黏性土层组成，按照地质结构分为三类：单一黏土结构洞段（约占 46%）、上砂下土结构洞段（约占 33%）和单一砂土结构洞段（约占 21%）。

刀盘磨损主要考虑砂层中的石英含量、砾卵石透镜体中砾卵石的岩石成分、黏性土层中的钙质结核等。

隧洞埋深主要考虑砂土液化的深度及黄河的冲刷深度，在此基础上隧洞上覆土的有效厚度应能满足隧洞稳定的要求。据此提出盾构隧洞的埋深不应小于 25 m。穿黄隧洞埋置太深，则主要从新近系砂岩、黏土岩中通过，砂岩中含承压水，承压水上升的高程仅比潜水位低约 5 m；新近系岩石中有钙质胶结的砂岩，强度较高，分布无规律，对盾构施工不利。

盾构隧洞施工中可能遇到的障碍物主要有：块石，为在漫长的黄河治理历史中的人工抛石，在黄河水的冲刷与变迁中沉入砂层中而形成；古木，为黄河历史洪水从上游冲下来的树干、屋梁等，连同砂一起沉积下来而形成，由于深埋于地下，木质并未腐烂；黏性土层中分布的钙质结核层，为淋滤—淀积作用的产物。

第2章

穿黄隧洞重大技术问题研究

2.1 研究概况

2.1.1 研究历程

穿黄工程地处黄河典型游荡性河段，场址区基本地震烈度为7度，地质条件复杂。对渡槽和隧洞形式进行比较，考虑到输水渡槽运行将影响黄河下游桃花峪水库的工程规划，渡槽下部工程在施工与运行期间有可能导致黄河河势的改变，经多方面技术、经济比较，穿黄工程选用孤柏咀盾构隧洞穿越。由于黄河河床为易冲刷和地震易液化的松散的粉细砂质河床，具备易游荡和地震易液化特性，穿黄隧洞工程具有以下特点和难点。

（1）为避免河床冲淤（深度20 m）和地震液化（深度16 m）的不利影响，过河隧洞需布置在河床冲淤深度和液化深度以下，其内水压达0.51 MPa；在穿黄隧洞建设以前，软土地层中采用盾构法施工的隧洞多为交通隧洞或地铁隧洞，或者内水压力较低的排水隧洞，承受高内水压力的水工输水隧洞未见工程实例。

（2）隧洞处于黄河游荡性河床下方，工程运行期间，隧洞上方覆土荷载将会发生较大变化，纵向不均匀变形问题突出，其运行条件对于拼装式盾构隧洞极为不利。

（3）因隧洞埋深大，穿黄隧洞南北两端施工竖井需超深布置，竖井结构设计与防渗技术极具挑战性。

（4）隧洞与竖井置于软土地基中，需要对隧洞、竖井及两者结合部位的抗震特性进行深入研究，为工程抗震安全提供保障。

（5）超深竖井建造及盾构始发和到达难度大，内衬预应力结构施工工艺复杂。

鉴于穿黄隧洞工程在南水北调中线工程中的重要地位，工程设计、施工和建设中存在诸多技术难题需要解决，长江设计集团有限公司（简称长江设计集团，原长江勘测规划设计研究院）在几十年勘察设计与研究的基础上，联合南水北调中线干线工程建设管理局、中国水利水电科学研究院、中铁隧道股份有限公司、长江水利委员会长江科学院、中国水利水电第七工程局有限公司、中国水电基础局有限公司等单位组成"产学研"研究团队，系统研究南水北调中线穿黄隧洞工程关键技术。项目团队的研究过程紧紧围绕工程建设的需要，具体如下。

（1）1991年，第七届全国人民代表大会第四次会议将"南水北调"列入"八五"计划和国民经济和社会发展十年（1991—2000年）规划，长江设计集团开始着手准备南水北调工程总体规划及穿黄工程水力学条件、黄河河道游荡特性、黄河河势规划、穿黄工程线路与可选的建筑物结构形式及其输水方案、穿黄河段黄河行洪口门宽度等重大技术问题的研究。

（2）1992～1995年，穿黄工程初期工程资料收集、专题研究及地质工作等开始启动。

（3）1996～2000年，穿黄工程进行重点技术方案比选，主要为穿黄工程过黄河线路、隧洞与渡槽结构形式比选等。

（4）2000～2004年，穿黄工程技术研究阶段。2002年8月，国务院第137次总理办公会议审议并通过了《南水北调工程总体规划》；2003年，完成《南水北调中线穿黄工程方案综合比选报告》，经水利部水利水电规划设计总院审查后，确定了穿黄工程线路、建筑物形式、隧洞埋深、穿黄工程处黄河行洪口门宽度、稳定黄河河势需要修建的控导工程；明确穿黄工程采用孤柏咀双衬盾构隧洞方案穿越黄河。

（5）2003～2005年，穿黄工程完成初步设计。

（6）2005年9月27日，穿黄工程开工建设。

（7）2006～2011年，"十一五"计划"南水北调工程若干关键技术研究与应用"重大项目课题"复杂地质条件下穿黄隧洞工程关键技术研究"立项，并对穿黄隧洞工程关键技术问题进行研究。

（8）2005～2013年，结合穿黄隧洞施工，研究施工关键技术问题。

（9）2014年12月，南水北调中线工程正式通水。

2.1.2 "十一五"计划课题研究

鉴于南水北调穿黄隧洞工程技术难度大，科学技术部于2006年安排了"十一五"国家科技支撑计划课题"复杂地质条件下穿黄隧洞工程关键技术研究"。其主要研究内容包括：①穿黄隧洞工作条件与建筑物形式研究；②穿黄隧洞双层衬砌结构受力与变形特性研究；③穿黄隧洞大型盾构工作竖井结构特性研究；④穿黄隧洞抗震技术研究；⑤穿黄隧洞安全自动化监控系统研究；⑥穿黄隧洞衬砌1:1仿真试验研究；⑦穿黄隧洞施工技术研究；⑧穿黄隧洞施工控制标准。

1. 课题研究概况

1）穿黄隧洞工作条件与建筑物形式研究[2]

通过补充勘察和科学试验，进一步复核隧洞工作条件，为穿黄隧洞设计提供依据。

为论证穿黄隧洞的安全性和技术、经济合理性，进一步开展了盾构隧洞与常规隧洞的比较，以及穿黄隧洞的结构形式研究。通过对埋置于基岩的常规隧洞方案与从覆盖层中穿越的盾构隧洞方案的综合比较，进一步确认盾构隧洞方案。

将盾构隧洞预应力复合衬砌结构方案与盾构隧洞内置钢管结构方案进行比较，从施工条件、工程投资、运行管理、施工进度等方面，确认了盾构隧洞预应力复合衬砌结构形式。

2）穿黄隧洞双层衬砌结构受力与变形特性研究[3]

穿黄隧洞外衬为普通钢筋混凝土拼装式管片环，内衬结构研究了现浇钢筋混凝土、预应力钢筋混凝土两种结构形式，内外衬界面接触关系研究了有垫层、无垫层有插筋加界面灌浆、无垫层有插筋加界面排水层三种形式。主要研究成果包含以下四个方面。

（1）提出了盾构隧洞预应力复合衬砌结构方案，确定了穿黄隧洞结构由预应力钢筋混凝土内衬与盾构法施工的拼装式管片环外衬构成；论证了内衬与外衬界面有垫层方案和加设插筋的无垫层方案在技术上均是可行的；对推荐的结构方案开展了预应力复合衬砌破坏机理的研究，提出了风险预防措施。

（2）建立了拼装式管片结构接头计算模型和外部土体与外衬的相互作用模型。

（3）深化预应力技术与工艺的研究，为隧洞薄壁衬砌大吨位预应力技术的成功应用，以及盾构隧洞预应力复合衬砌施工技术要求的编制提供了依据。

（4）确定了穿黄盾构隧洞预应力内衬结构厚度、锚索间距、单索控制张拉力及张拉分序、分级等技术参数。

3）穿黄隧洞大型盾构工作竖井结构特性研究[4]

（1）穿黄隧洞北岸竖井为盾构始发井，竖井形成的基坑深达 50.5 m。通过对工作竖井结构特性进行研究，采用深 76.6 m 的地下连续墙，辅以逆作法施工的满堂内衬的井筒主体结构；井外采用自凝灰浆防渗墙、井内设降水井、井体下设帷幕灌浆、竖井地下连续墙采用防渗接头等一整套地基加固与防水措施，较好地解决了高地下水位砂土地层超深竖井结构稳定与防水问题，确保施工安全。

（2）穿黄隧洞南岸竖井位于邙山坡脚，通过优化竖井内衬布置，对结构加固，解决了在邙山边坡偏压作用下竖井的安全问题。

（3）穿黄隧洞竖井结构设计：①针对竖井超深、外水土压力大的特点，提出了对地下连续墙墙面凿毛、加设插筋，并与满堂内衬组成联合受力结构的方案，在工程中得到成功应用。②提出了竖井施工过程变形与应力定量控制标准，确保施工安全。③研制了新型盾构始发反力座，满足了加长 2.5 m 的盾构机在竖井内正常始发的要求。

4）穿黄隧洞抗震技术研究[5]

（1）穿黄隧洞地基动力特性。

通过对穿黄隧洞地基土层取样，开展有关动力参数测试，获取了满足地震非线性有效应力分析及残余变形分析所要求的各项地基土动力特性参数。

（2）穿黄隧洞抗震分析。

根据现行抗震设计规范，穿黄隧洞设防标准为 50 年超越概率 5%对应的基岩加速度峰值为 0.158 g，人工合成基岩地震加速度的时程曲线作为穿黄工程抗震分析的地震动输入。

选取具有典型地质条件的过河隧洞段、邙山隧洞段和邻近北岸竖井隧洞段三个部位进行三维地震反应分析。其中，北岸竖井及相邻洞段的有限元计算模型包括北岸竖井、沿隧洞纵向向南模拟 1.5 km 的洞长范围、沿横向模拟两条隧洞各外扩 200 m 的范围，深度达到黏土岩顶部。

在地震反应分析中，考虑了地震波行进效应、孔隙水压扩散和消散的影响，并采用三种国内较常用的残余变形计算方法计算了隧洞地基土体的地震残余变形。

研究结果表明，穿黄隧洞满足抗震性设计要求。

5）穿黄隧洞安全自动化监控系统研究[6]

（1）穿黄隧洞单洞长 4 250 m，为确保信息长距离传输的准确性，通过对接线方式进行研究与优化，完善了洞内接线技术、电缆牵引就位技术，并成功研制了薄壁环锚矩形测力器，获得了技术专利。

（2）通过对长距离水底隧洞安全监测数据采集与传输的研究，提出了穿黄隧洞安全监测自动化系统网络结构与配置图，推荐对中线工程已有光纤传输系统预留接入点，并通过总干渠光纤传输系统将穿黄工程监测总站与南北岸监测分站组成广域网模式，而以TCP/IP 协议为数据通信的传输方案。通过对安全监测自动化系统总体结构与组成的研究，提出了穿黄工程安全监测自动化系统的总体构成。

6）穿黄隧洞衬砌 1∶1 仿真试验研究[7]

（1）准备性试验研究内容。

对有黏结和无黏结预应力材料与锚具性能进行检测，并在地面对内衬有黏结和无黏结预应力仿真模型进行锚索张拉试验，并同步进行三维有限元数学模型的对比分析计算。

在地面内衬混凝土试验模型上，对自密实混凝土、常态混凝土进行配合比对比试验。

经原国务院南水北调工程建设委员会专家委员会组织专家审查，认为试验资料翔实，对地下模型仿真试验研究具有重要参考价值。

（2）地下模型试验研究主要成果。

通过薄壁大吨位预应力技术试验，确认钢质波纹管在不发生锈蚀的情况下，孔道摩阻系数可以小于规范值，取孔道摩阻系数为 0.2 用于穿黄隧洞预应力内衬设计。

提出并验证了锚索张拉分序、加荷分级的工艺，经试验确认，该工艺适用于穿黄隧洞内衬施工。

（3）内外衬接触方式研究成果。

进行隧洞内外衬之间加设插筋的无垫层方案研究，试验结果表明，有垫层和无垫层加插筋方案均为技术可行方案。

南水北调中线干线建设管理局组织专家评审确认，研究单位完成了各项试验内容，达到了预期目标。

7）穿黄隧洞施工技术研究[8]

在超深竖井施工方面，采用了以下先进工法和技术措施。

（1）北岸盾构始发井修建在高地下水位的黄河漫滩砂层中，采用泵送置换法修建了深 71.6 m 的防渗灰浆墙；采用铣槽机等大型先进机具修建了 76.6 m 深的地下连续墙，采用逆作法滑模施工建造了深 50.5 m 的满堂内衬，并布置新型反力座，满足盾构机在竖井内组装、始发与掘进施工的要求。

（2）在北岸竖井 50.5 m 的深基坑中，采取地基加固、防水密封和冷冻技术等综合措施，克服了高地下水、粉细砂带来的困难，使盾构机始发成功；南岸竖井到达采用气囊密封防水新技术，确保盾构机顺利进入竖井。

在长距离隧洞单头掘进技术方面，盾构机在黄河河床覆盖层中，且在高地下水条件下，需穿过全砂层、上砂下土层、砾石层、泥砾层、全黏土层等不同地层，长距离掘进 4 250 m，解决了高压舱换刀和古树、孤石处理等难题，完成了盾构机长距离单头掘进，贯通误差仅为 2.5 cm。

8）穿黄隧洞施工控制标准[9]

（1）关于《南水北调中线一期穿黄工程输水隧洞施工技术规程》的应用指导。国务院南水北调工程建设委员会办公室于 2006 年 7 月 27 日发布《南水北调中线一期穿黄工程输水隧洞施工技术规程》（以下简称《规程》），在穿黄隧洞施工中发挥了正确的指导作用。

（2）编制了穿黄隧洞施工控制标准。在穿黄隧洞有关课题研究期间，通过总结《规程》指导穿黄隧洞施工的成熟经验，以及穿黄隧洞衬砌 1∶1 仿真试验研究成果，对《规程》进行补充、修改及完善，并将其纳入"复杂地质条件下穿黄隧洞关键技术研究"的子课题 8"穿黄输水隧洞施工控制标准"，使其在后续穿黄隧洞施工中继续发挥正确的指导作用，同时，进一步发挥了其综合经济效益。

2. 主要创新点[10]

（1）盾构隧洞预应力复合衬砌结构为新型衬砌结构形式，在国内外尚属应用首例。

（2）穿黄隧洞采用的薄衬砌、大吨位后张法预应力技术在 1∶1 仿真模型试验中得到了成功验证，发展了隧洞预应力技术。

（3）隧洞 1∶1 仿真模型试验以其规模之大、仿真程度之高在水利水电行业属首例。试验研究成果已在工程中发挥效益，并具有社会综合效益。

（4）对于竖井设计与施工，提出了地下连续墙墙面凿毛、加设插筋，并与满堂内衬联合受力的新型复合衬砌方案，在工程中成功应用。

（5）研发了新型盾构始发反力座，在不增设隧洞和扩大竖井直径条件下，满足加长后盾构机在有限竖井内组装与始发的要求。

（6）建立了适用于穿黄隧洞工程地基特性的三维非线性有效应力地震反应分析和评

价方法，取得了工程应用效益，并具有社会效益。

（7）发展了地基地震残余变形计算方法，并取得了穿黄隧洞地基地震残余变形及其分布规律的研究成果，为结构抗震安全评价、结构设计及工程措施提供了基础技术依据。

（8）研制成功了薄壁环锚矩形测力器，取得了国家知识产权局应用技术专利。

（9）在北岸高地下水位的黄河漫滩砂层中，修建盾构始发井，采用泵送置换法建造了 71.6 m 深的防渗灰浆墙；采用先进施工技术，建造了墙深 76.6 m 的地下连续墙，采用逆作法建造了满堂内衬，形成了 50.5 m 的超深竖井，为国内水利工程首例。

（10）在 50.5 m 的超深竖井中，克服高地下水位、粉细砂等施工困难，使盾构机始发成功；采用泥水盾构机通过全砂层、上砂下土层、砾石层、泥砾层、全黏土层等多种地层，解决了高压舱换刀和古树、大孤石处理与纠偏等难题，实现了长距离单头掘进 4 250 m；采取气囊密封防水新技术，顺利到达和进入南岸竖井，贯通误差仅为 2.5 cm。

2.2 隧洞布置方案研究

2.2.1 隧洞施工方案研究

在确定隧洞形式时，主要比较过矿山法隧洞、沉管法隧洞、顶管法隧洞和盾构法隧洞等几种隧洞结构形式。

1. 矿山法隧洞

矿山法一般适用于地层条件比较好的山岭隧洞，对软土地层则不宜采用，方案设计中将隧洞深埋于黄河河床的基岩中，并就李村线进行了矿山法隧洞工程布置与设计。

李村线河床下伏基岩为河湖相沉积的黏土岩、粉砂岩、砂岩、砂砾岩，地层近水平。矿山法施工的穿黄隧洞需从基岩中穿过，隧洞开挖断面直径 9.6 m，从围岩稳定、防渗及施工安全考虑，洞顶以上基岩厚度不小于 20 m。隧洞进出口均采用竖井与两端输水明渠连接，结合黄河基岩顶板高程情况，隧洞按南高北低分布，长度 3 500 m。该方案过黄河建筑物布置示意图详见图 2.2.1 和图 2.2.2。

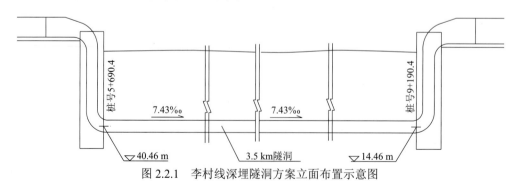

图 2.2.1　李村线深埋隧洞方案立面布置示意图

图 2.2.2　李村线深埋隧洞方案平面布置示意图

根据两岸水力学衔接计算，隧洞内压水头达 100 m，由于围岩岩性软弱，洞顶围岩厚度小，围岩可分担的内水压力较小，衬砌须按预应力结构设计。

该方案的优点是地震影响轻微，并且完全避开了砂土地震液化和河床冲淤影响，竖井进出口也有利于隧洞检修排水设施的布置；但因隧洞埋置较深，竖井进出口及洞身工程量大。为确切了解隧洞围岩特性，2002 年 5 月专门为此补充了 5 个深孔，累计进尺400 m。补充的钻孔资料表明，穿黄河段基岩为新近系黏土岩和粉砂岩，岩性软弱，岩体裂隙发育，胶结差，强度低。采用矿山法施工存在围岩洞室稳定、软岩大变形、施工期防水等问题，施工风险大，技术、经济不占优势。

2. 沉管法隧洞

沉管法在世界各地应用较多，国内广州珠江隧道即采用沉管法施工。防范游荡性河道主槽摆动、冲淤变化及砂土地震液化对隧洞的不利影响，要求隧洞上覆土层厚度超过20 m。由于黄河枯水期水深小，采用沉管法施工，施工组织、基础处理难度大；沉管法管段较长，对纵向不均匀沉降的适应能力较差；黄河河道宽浅平阔，主槽游移变化，水深小、水流急，沉管法无论是使用起重船、浮箱，还是架设水上作业平台，施工均十分困难，而且沉箱施工期间可能对黄河河势造成一定的影响，因而予以放弃。

3. 顶管法隧洞

对于穿黄隧洞能否采用水平长距离顶管法施工，也做过初步的调查研究，就同期而言，国内外尚无如此长距离、大直径的顶管法施工的成功经验与工程实例。因此，对穿黄工程而言，其与盾构法施工相比不具优势。

4. 盾构法隧洞

盾构法是在地表以下采用专用的盾构机械暗挖隧道的一种施工方法，迄今已有近200 年的历史，它以其对地层条件广泛的适应性，对黄河河势、地面交通、生活干扰少，管理方便，土方量小，尤其是能够在土质差、外水位高的环境条件下建设隧道，显示出良好的技术性能。盾构法自问世以来，特别是在 20 世纪 50～60 年代，在世界各地城市交通、水利等部门均得到迅猛发展。特别值得指出的是，世界公认的地震灾害严重、频发的日本，盾构法隧洞为数众多，可见其抗震性能优越。随着盾构技术的不断发展，施

15

工工艺日臻完善，盾构法已进入比较成熟的发展阶段。

5. 隧洞方案选择

比较上述各施工方案，矿山法施工方案成洞条件差，施工风险大；沉管法施工方案由于黄河水深小，施工组织、基础处理难度大，且可能对黄河局部河势造成一定的影响；长距离顶管法与盾构法隧洞施工方案类似，但灵活性明显不如盾构法，当时尚无如此长距离的大型隧洞工程采用顶管法施工的先例；且上述各方案在技术、经济方面与盾构法相比不占优势。当时，国内外生产的各种类型的盾构机已达数千台，完建后投入运行的盾构法隧道不计其数。盾构法在设备、施工技术方面具有较为成熟的条件，具体表现在以下几个方面。

（1）穿黄工程所在部位黄河河床为粉质黏土和砂层，隧洞断面外径为 8.7 m，盾构一次推进长度为 4.25 km（含邙山隧洞 800 m）。如此规模的盾构法施工的隧洞成功实例较多。

（2）世界盾构机的设计制造水平已能确保各种地层中安全可靠地进行长距离、大断面的隧道施工。日本的川琦重工业株式会社、三菱集团；德国的 Bade & Theelen、Herrenknecht AG；美国的 Robbins 等公司都制造过大直径（8.5～13.94 m）的盾构机，并都顺利完成了长距离（8～11.6 km）的推进。所有泥水加压盾构或土压平衡盾构对不同土层都有较强的适应能力，完善的盾尾密封装置和保持正面土体稳定的技术措施可保障盾构施工安全；盾构机具有灵活耐用的机械设备、现代的控制系统和较高的推进速度；不管是引进盾构机还是联合制造盾构机，均能够满足穿黄隧洞工程的大断面、长距离推进需求。

（3）世界各国盾构施工为穿黄工程的施工提供了宝贵的经验。世界各国已有众多大直径、长距离的盾构施工，通过了各种复杂的地层，取得了成功的经验。我国上海当时在不同的地层中已修建了 40 多条不同类型的隧道，其中有 7 台盾构机顺利通过了砂层。所有这些成功的实例为穿黄工程提供了宝贵的经验，为顺利完成穿黄工程提供了可靠的保证。我国当时已修建的上海延安东路复线隧道、上海大连路越江隧道、广州地下铁道还将为穿黄工程提供更直接的经验。

（4）国内已形成一支训练有素的盾构施工管理专业队伍，能按时、优质完成隧道施工任务。

（5）国内对衬砌（管片衬砌）结构的设计、制作已有较丰富的经验，可为工程提供优质的衬砌。

经多方案技术、经济论证，考虑施工技术的成熟和安全可靠性及其施工风险的可控性，穿黄隧洞最终选择盾构法施工方案。

2.2.2　隧洞总体布置研究

1. 总体布置方案

穿黄工程可利用水头 10 m，根据黄河河道规划及黄河河势演变分析成果，隧洞过黄河行洪口门宽度不小于 3.45 km，行洪口门位置靠南岸驾部河势控导工程，北岸位于黄河滩地，在口门范围内需要盾构隧洞从黄河稳定的覆盖层中穿越；为研究盾构隧洞两端与两岸输水渠道的连接方式，根据李村线地形、地质、工程规划、工程运用和检修条件，总体布置主要研究了以下三个方案。

1）方案一：南斜北竖，退水设施在南岸

根据李村线南岸坐湾、顶冲、高陡岸坡临河的特点，为便于建筑物布置，避免出现临河高边坡和布置大规模的防冲护岸工程，提出了南岸斜井进、北岸竖井出、退水设施在南岸的方案。

该方案建筑物包括南岸连接渠道、隧洞进口建筑物（含邙山隧洞和退水设施）、穿黄盾构隧洞、隧洞出口建筑物、北岸河滩明渠（含新老蟒河交叉建筑物）和北岸连接明渠。该方案过黄河建筑物各分段长度见表 2.2.1，过黄河建筑物布置示意图见图 2.2.3 和图 2.2.4。

表 2.2.1　方案一过黄河建筑物各分段长度

分段	隧洞进口建筑物/m					穿黄盾构隧洞/m	隧洞出口建筑物/m			
	截石坑	渐变段	退水闸连接段	闸室段	邙山隧洞		竖井段	闸室段（含侧堰段）	消力池	渐变段
分段长	100	80	20	30	800	3 450	42.9	70	35	80
段长	1 030						227.9			

注：邙山隧洞又简称为斜井段。

图 2.2.3　方案一过黄河建筑物立面布置示意图

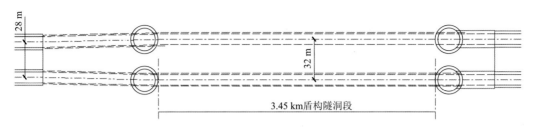

图 2.2.4　方案一过黄河建筑物平面布置示意图

本方案南岸连接渠道沿邙山南坡展线，全部为挖方渠道；隧洞进口闸位于南岸邙山山脊南侧，距黄河河岸约 800 m；隧洞自黄河主河床以下约 23 m 深处穿越黄河；隧洞出口竖井及出口闸位于黄河北岸河滩，隧洞出口竖井兼作盾构机始发工作井；北岸河滩明渠修建于黄河北岸高、低漫滩，为填方渠道，与新蟒河交叉时，以渠道倒虹吸相交，与老蟒河交叉时，以河道倒虹吸相交；北岸连接明渠修建于清风岭及以北平原，以半挖半填渠道于 S 点与黄河以北的总干渠段连接。由于本方案隧洞南岸进口远离河岸，需设置退水洞穿过邙山，将南岸渠道退水排入黄河，退水洞为一无压隧洞，内断面宽 4.2 m，高 5.8 m，为城门洞形，退水洞尾部设消力池，消力池侧向出流，将退水顺势导入黄河。

该方案具有以下特点：①李村线临河高边坡迎流顶冲，坡脚有后退的趋势，采取远离河岸的布置方案，避免了大规模的护岸工程和边坡工程。②邙山临河边坡顶高程约 180 m，若采用大开挖方案，渠道边坡最大高度约为 70 m，地质条件复杂，边坡处理规模大，对长期运行不利。采用邙山隧洞，除进口洞脸边坡高度约 52 m 外，渠道边坡最大高度可降低为 40 m，将大大减小边坡规模和技术难度，并有利于长期运行。③当南岸渠道发生事故时，从安全出发，邙山隧洞进口事故门立即关闭，退水设施可发挥退水作用。④由于隧洞进口建筑物距河岸有一定距离，为便于南岸渠道退水，退水隧洞长度长，退水设施投资较大。

2）方案二：南斜北竖，退水设施在北岸

该方案针对方案一中退水洞工程投资大的缺点，将退水设施改为布置在北岸河滩明渠上，退水闸位于新蟒河南侧，退水水流经退水闸汇入新蟒河；其余布置与方案一完全相同。北岸退水布置示意图见图 2.2.5。

该方案具有以下特点：①相对于方案一而言，其退水设施工程投资较省；②由于黄河南岸临河岸侧无地面永久建筑物，可取消方案一中退水闸出水口的河岸保护设施；③该方案中退水闸设于北岸，当南岸渠道发生事故时，从安全出发，须立即关闭邙山隧洞进口事故门，设于北岸的退水闸则无法为南岸渠道退水服务，只有依靠上游的索河退水闸退水，这是本方案的主要缺点。

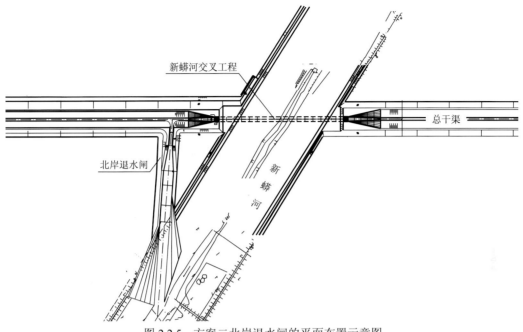

图 2.2.5　方案二北岸退水闸的平面布置示意图

3）方案三：南竖北斜，退水闸在南岸

该方案建筑物包括南岸连接渠道、隧洞进口建筑物（含临河岸坡防护工程、退水设施）、穿黄盾构隧洞、隧洞出口建筑物（含出口斜洞段）、北岸河滩明渠（含新老蟒河交叉建筑物）和北岸连接明渠。其中，过黄河建筑物各分段长度见表 2.2.2，过黄河建筑物布置示意图见图 2.2.6 和图 2.2.7。

表 2.2.2　方案三过黄河建筑物各分段长度

分段	隧洞进口建筑物/m					穿黄盾构隧洞/m	隧洞出口建筑物/m			
	截石坑	渐变段	退水闸连接段	闸室段	竖井段		斜井段	闸室段（含侧堰段）	消力池	渐变段
分段长	100	80	50	30	30	3 500	344	70	35	80
段长	290						529			
总长	4 319									

该方案南岸渠道布线与方案一相同，但渠道采用大开挖方式穿越邙山，直达黄河岸边；隧洞进口竖井设于南岸黄河岸边，与盾构机终到工作井共用；退水闸在黄河南岸岸边，退水渠沿河岸布置；穿黄隧洞自黄河主河床下方约 23 m 深处穿越黄河，隧洞出口设于北岸漫滩，隧洞盾构机始发工作井位置与方案一相同，始发工作井北侧接斜井至北岸漫滩地面与隧洞出口建筑物相接，北岸河滩明渠、新老蟒河交叉建筑物、北岸连接明渠布置与方案一基本相同。

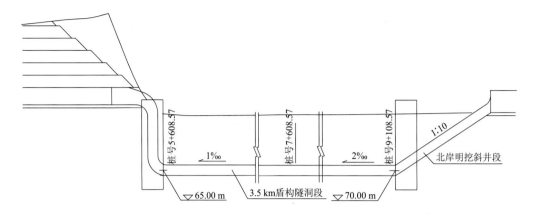

图 2.2.6　方案三过黄河建筑物立面布置示意图

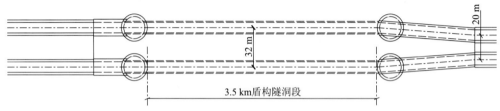

图 2.2.7　方案三过黄河建筑物平面布置示意图

该方案具有以下特点：①以大开挖渠道代替邙山隧洞，缩短了盾构隧洞长度；②退水设施沿河岸布置，无须设置退水洞，但增加了岸坡开挖及保护工程；③南岸渠道直达河边，由于邙山接近河岸区域的地形上升较快，渠道开挖深度大，边坡最大坡高约 70 m；④该方案进口建筑物位于临河高边坡坡脚，护岸工程和临河边坡整治工程规模大，开挖工程量也很大，而且大规模的高边坡对工程长期运行不利；⑤斜井段位于北岸漫滩，斜洞施工基坑支护工程量较大，且部分斜洞段位于地震液化砂土地层中，需要进行地基处理。

4）推荐方案

所研究的三个方案中，各方案技术均属可行，以方案三工程投资规模最大，与方案一相比，运行上也无明显优点，首先放弃；方案二的总体布置与方案一相同，因退水闸布置在北岸，无须设置退水洞，工程投资较方案一少，但在穿黄隧洞进口关闭情况下，不能为南岸渠道退水，运行条件不如方案一。从工程投资、运行管理、工程安全可靠等方面综合比较，推荐方案一。

2. 单洞与双洞方案比较

在选定的总体布置方案中，对隧洞过河建筑物布置研究了单洞方案和双洞方案。两个方案均采用泥水平衡盾构机施工，南北岸连接渠道布置相同，其中，双洞过河方案进出口闸室均为双孔闸室，单孔宽 6 m，两条隧洞可独立运行、独立检修；两条隧洞中心间距 32 m，隧洞结构完全相同，每条隧洞内径 7.0 m，双层衬砌，外衬厚 40 cm，内衬厚 45 cm，其间设软垫层分隔，内、外衬单独受力。单洞过河方案的进出口闸室均为单孔闸室，宽 10 m；隧洞内直径 9.0 m，双层衬砌，外衬厚 45 cm，内衬厚 55 cm，其间也设软垫层分隔，内、外衬单独受力。

可研阶段对于双洞方案和单洞方案进行了同等深度的研究，从工程技术可靠性、运行条件、水流条件、施工条件、工程投资等方面进行了如下分析和比较。

1）工程技术可靠性

双洞方案隧洞内径 7.0 m，单洞方案隧洞内径 9.0 m，两个方案均采用双层衬砌，内、外衬单独受力，多道防水，为常规结构。双洞方案单条隧洞直径较小，与一般的城市地铁区间隧道类似；单洞方案直径较大，其规模与国内的上海延安东路跨越黄浦江隧道、上海大连路跨越黄浦江隧道等隧道相当，国外成功运行的工程实例也较多。因此，单、双洞方案均属技术可靠、长期安全运行有保证的方案。

2）运行条件

根据南水北调工程总体规划，中线工程采取分期建设。一期工程多年平均调水量 95 亿 m^3，相应穿黄工程设计流量为 265 m^3/s，加大流量为 320 m^3/s。双洞方案与单洞方案均能满足一期工程总干渠的输水要求。不过，按照中线一期工程总体规划，穿黄隧洞通过流量小于 160 m^3/s 的时间，一年之内约占 30%，在此期间，双洞方案除非两条隧洞同时出现事故，否则可一条隧洞安排检修，另一条隧洞继续输水运行，满足工程运用要求，因此穿黄工程自身的输水保证率高，运行调度灵活。而单洞方案，无论是何种运用工况，若要检修，就需停止输水，因此在输水运用上不如双洞方案灵活。

3）水流条件

单洞方案的一个闸室与一条渠道相连，任何工况下，总保持对称进出流，进出口流态平稳，水流条件较好，水头损失较小；双洞方案因进出口均设两个闸室，为与一条渠道相连，进口需增加分流段，出口需增加合流段，水力衔接不如单洞顺畅，但由于进出口水流流速较小，对正常输水运用不会带来明显的不利影响。

4）施工条件

穿黄隧洞约四分之三的洞段穿过 Q_2 粉质黏土层、粉质壤土层，只有约四分之一的洞段穿过 Q_4 的中—细砂层，围土条件总体较好，根据穿黄工程的地质条件，穿黄隧洞宜采用泥水平衡式盾构机。考虑到穿黄工程地质条件复杂，双洞方案的隧洞外径为 8.7 m，较单洞方案隧洞外径 11.0 m 为小，同类规模的盾构隧洞国内施工实践更多，经验更丰富，施工技术相对也更成熟，施工技术难度较低，施工风险较小。因此，就保证全线按期通水条件而言，双洞方案更为有利。

5）工程投资

单洞方案单个进口闸室与单条渠道直接相连，布置简单，进口和隧洞洞身工程量较双洞方案少，只需一台盾构机施工；而双洞方案进（出）口的两个闸室需通过分流段（合流段）与一条渠道相连，布置相对复杂，进口和隧洞洞身工程量也较单洞方案多，需两台盾构机施工，工程总投资较单洞方案多约 3.86 亿元。

综合以上分析表明，双洞方案和单洞方案均能满足总干渠的运用要求，技术可行。在投资上，单洞方案可节省约 3.86 亿元，但双洞方案隧洞规模较小，施工技术难度较低，施工风险较小，按期建成更有保证，投入使用后，运用灵活，自身输水保证率高。为了确保中线工程按时通水，并考虑到穿黄工程是南水北调中线工程中的关键性工程，应有更高的运用灵活性和供水保障率，故推荐采用双洞方案。

3. 邙山隧洞长度论证

南斜北竖方案以隧洞穿越邙山，若增加邙山隧洞长度，一方面可减少深挖方渠段的长度，另一方面也增加了退水洞的长度，表明邙山隧洞长短与工程投资有直接关系。为此，曾就不同的邙山隧洞长度比较了四个方案。其中，最短的邙山隧洞长度方案为 470 m，按满足盾构机施工要求和检修车辆交通要求，并适当留有余地而定；最长的方案为1 550 m，以尽量减少深挖方渠段而定；在此中间，按长度再内插两个方案，得到 470 m、800 m、1 150 m、1 550 m 四个方案，相应的隧洞进口正面边坡高度分别为 62 m、52 m、42 m 和 35 m。考虑到比较范围以外的南岸渠道和隧洞出口以北的渠道不影响比较结果，参与比较的工程范围取自南岸渠道桩号 3+630 到北岸穿黄盾构隧洞出口，各方案的工程量和直接工程投资详见表 2.2.3，因各方案的开挖量不同，征地费用有所不同，采用投资相对值对各方案投资进行比较，见表 2.2.4。

表 2.2.3 双洞方案不同邙山隧洞长度的主要工程特性表

| 邙山隧洞长度/m | 洞径/m | 最大边坡高度/m | 退水洞长度/m | 主要工程量 | | | | | | 直接工程投资/万元 |
				明挖/万 m^3	洞挖/万 m^3	浆砌石/万 m^3	混凝土/万 m^3	钢筋/t	钢绞线/t	
470	6.9	62	445	775.65	51.62	4.92	6.22	21 726	6 986	95 165
800	7.0	52	795	607.28	58.10	3.95	24.17	24 374	7 389	96 627
1 150	7.1	42	1 155	365.16	65.16	2.79	26.35	27 288	7 980	99 669
1 550	7.2	35	1 575	193.90	73.26	1.66	28.88	30 405	8 658	105 015

表 2.2.4 各方案工程投资相对值比较

| 项目 | 邙山隧洞长度 | | | |
	470 m	800 m	1 150 m	1 550 m
征地费用/万元	0	−186.7	−455.2	−645.07

续表

项目	邙山隧洞长度			
	470 m	800 m	1 150 m	1 550 m
直接费用/万元	0	1 462	4 504	9 850
合计/万元	0	1 275.3	4 048.8	9 204.93

比较表明，随着邙山隧洞的加长，渠道边坡高度及开挖支护工程量在减少，但与此同时，退水洞需加长，为使影响范围内各方案耗用的水头不变，穿黄隧洞及邙山隧洞的洞径也需增加，相应洞挖、混凝土衬砌及钢筋量均在增加。对影响范围内的工程投资进行比较发现：邙山隧洞长 800 m 方案的投资较长 470 m 方案的投资多约 1 300 万元，邙山隧洞长 1 150 m 方案的投资较长 800 m 方案的投资多约 2 800 万元，邙山隧洞长 1 550 m 方案的投资较长 1 150 m 方案的投资多约 5 200 万元，因此不同的邙山隧洞长度，各方案的工程直接投资以 470 m 方案较少，但考虑到邙山隧洞长 470 m 方案斜洞的坡度较陡，施工难度有所增加；对于邙山隧洞长 800 m 方案，斜洞的坡比小于 5%，施工难度相对降低，同时高边坡渠段也可减短，最大的边坡高度也适当降低，相对于 470 m 方案投资增加不多，对工程施工、运行与维护均更有利，故推荐采用邙山隧洞长 800 m 方案。

4. 两隧洞间距

按施工组织设计，双线隧洞施工时需要一前一后推进，并保持一定的距离。施工过程中，隧洞附近的土体会受到不同程度的扰动。如果隧洞间距过近，前行隧洞经灌浆加固处理后的围土结构会受到后进隧洞施工的扰动，对前行隧洞不利。因此，隧洞间距首先应以满足隧洞施工过程互不干扰为原则，尽量取较大值。从隧洞进出口建筑物布置考虑，隧洞间距小一些可使进出口建筑物的布置紧凑，可以节省进出口建筑物的工程量。根据以上分析，两条隧洞间距应在施工干扰可控条件下取小值。

隧洞施工时，对周围土体的扰动作用主要有如下两方面。

（1）挖土过程中土体的主动效应：隧洞掘进过程中，挖土时盾构施工机械前方将或多或少出现空腔，尽管空腔内以泥浆平衡原有土压力，但不可避免地会出现泥浆压力低于天然压力的状况，使掌子面土体有可能发生主动位移，根据土力学理论，其主动破坏面为一拟椭圆锥体，锥体侧壁与铅垂线夹角为 $45°-\varphi/2$（φ 为土体内摩擦角）。

（2）盾构机推进过程中土体的被动效应：隧洞掘进过程中，盾构机推进时，将压迫机械前方土体，使掌子面土体有可能发生被动位移，根据土力学理论，其被动破坏面为一拟椭圆锥体，达到被动极限状态时，锥体侧壁与铅垂线夹角为 $45°+\varphi/2$。此外，隧洞掘进过程中，为维持掌子面稳定，在盾构施工机械前注入加压泥浆，也将在盾构机附近产生一定的应力场，但一般小于前两种情况。

隧洞掘进过程中，对周围土体的扰动范围从外包角度考虑，以被动效应较大。可能的最大范围为被动极限状态，根据国内外施工实践及有关规范要求，隧洞净距一般以不

23

小于 2 倍隧洞外径为宜。穿黄隧洞设计中，两隧洞间距的确定条件为：先行隧洞位于后进隧洞产生的扰动区以外 1 m 且大于 2 倍洞径，根据几何关系，并考虑一定的安全裕度，确定穿黄隧洞中心线间距为 28 m。

5. 隧洞埋深

隧洞埋深主要受如下几个方面控制。

1）隧洞地质条件

穿黄隧洞通过地震烈度 7 度区，河床及漫滩分布有饱水的粉细砂、细砂层，厚度大，松散，地下水埋藏浅，覆盖层薄，存在着砂土地震液化问题。根据地质判断，河床可能的最大液化深度为 16 m，隧洞应避免布置在砂土地震液化区内。

2）黄河河道冲刷

黄河属游荡性河流，主槽冲淤变化频繁，根据黄委会黄总办〔2001〕1 号文《关于报送南水北调中线穿黄工程有关问题的意见》，综合多种影响因素，提出穿黄隧洞处河床冲刷后设计水位下的最大水深为 20 m，据此在设计洪水（洪峰流量 14 970 m^3/s）情况下，一次洪水后的河槽极端最低高程有可能为 83.73 m，在校核洪水（洪峰流量 17 530 m^3/s）情况下，一次洪水后的河槽极端最低高程有可能为 83.99 m。

3）工程类比

邻近的先期已施工的西气东输过黄河工程管道中心高程为 79 m，穿越 Q_4^2 砂层，施工中曾遇到古树和孤石，一度影响进度，并增加了工程投资。根据穿黄地质断面，隧洞范围内 Q_4^2 砂层最低分布高程为 81 m，借鉴上述工程经验，隧洞洞顶不宜高于 81 m 高程，且应留出一定的裕度。

4）盾构施工要求

盾构法施工的水下隧洞，为防止施工过程中跑气或泥水渗漏、隧洞浮起，保证盾构开挖面压力平衡，对隧洞上覆土层厚度有一定的要求，一般覆土厚度取为（1～1.5）D（隧洞外衬直径）。结合穿黄盾构隧洞的工程地质与水文地质特性，经隧洞抗浮、盾构工作面平衡、泥浆抗渗等验算，确定最小埋深宜大于 15 m。

结合穿黄隧洞施工和排水要求，隧洞按南高北低布置，纵坡由南向北分为 1‰和 2‰两段（折点与南岸的距离为 14 50 m），隧洞顶高程最高为 76.80 m，相应隧洞最小埋深约为 23 m，既避免在 Q_4^2 层中通过，又避开砂土地震液化带和河床冲淤变化区，并留有一定的裕度。

2.2.3　穿黄隧洞水力学试验研究

1. 试验目的与任务

穿黄隧洞进出口段的局部水头损失与隧洞断面设计有关；而隧洞进口段流态则直接关系到隧洞的正常运行，隧洞出口段流速、流态涉及闸室安全和北岸干渠冲刷；退水洞过流能力影响隧洞安全运行，流态影响退水洞自身安全。因此，开展了穿黄隧洞工程水力学试验研究。

试验任务主要包括：①输水隧洞过流能力。在模型隧洞粗糙系数相似的前提下，验证穿黄工程的过流能力，并对隧洞粗糙系数对过流能力的影响进行敏感性分析。②输水建筑物各分段水头损失和水头损失系数的测定及分析。③隧洞进口段流态。要求在各种工况下，隧洞进口不能有吸气漩涡出现，隧洞进口段由水流衔接产生的气泡不应带入洞内，否则要优化隧洞进口布置（含进口体形及检修门和安全栅的结构布置形式）。④隧洞内的时均压力特性和脉动压力特性测量及分析。⑤隧洞出口控制闸下游水流衔接及消能防冲。要求在各种工况下，出闸水流衔接良好，北岸明渠内不应出现折冲水流，包括单条隧洞过流时，满足干渠底流速小于设计允许流速的要求，否则要优化布置。⑥退水洞进口及洞身流态、过流能力。过流能力及洞身流态不满足要求时，应进行体形优化。⑦研究侧堰的过流能力，优化侧堰的布置形式和尺寸。⑧以简化控制闸闸门调度为目的的调度试验。要求确定闸门在各自不同开度时所对应的输水流量变化范围。

2. 试验模型

模型几何比尺选取 $L_r=25$，并按正态模型遵循重力相似准则设计。根据可行性研究阶段设计方案体形，进行模型制作、安装。

1）模拟范围及规模

模型模拟范围从上游进口即南岸明渠（桩号 4+820）至北岸河滩明渠（桩号 9+550），原型全长 4 730 m，其中穿黄隧洞段采用阻力阀概化模拟。模型上游进口模拟了部分南岸明渠、进口截石坑、进口渐变段、连接段、进口闸室段、邙山隧洞及部分穿黄隧洞。此外，上游进口还模拟了退水闸进口段及部分退水洞。模型下游隧洞出口段模拟了部分穿黄隧洞、出口竖井段、侧堰段、出口闸室段、消力池段、出口渐变段及部分北岸明渠。模型上下游全长 70 m，模型由进口量水堰供水（量水堰设施满足模型供水流量及水头要求），尾水与试验大厅现有回水渠衔接。模型退水洞尾水另添加回水设施，将钢管埋入模型导墙内，上与退水洞尾水相连，下与试验大厅回水渠衔接。模型制作及安装精度满足有关规范要求。模型布置照片见图 2.2.8。

图 2.2.8　穿黄隧洞水工模型试验照片

2）试验技术参数

原型流量为 20～320 m³/s，故模型最大流量取 16～102.4 L/s；

原型上游最高水位 $H_上$＝119.122 m，下游最高水位 $H_下$＝110.308 m；

原型洞内最大断面平均流速 V_{max}＝4.415 m/s。

3）粗糙系数相似

模型双线输水隧洞（包括进口段、邙山隧洞及出口竖管段）及退水闸（洞）采用有机玻璃制作，模型壁面粗糙系数为 0.008 7，根据模型几何比尺 Lr=25 换算成原型，为 0.014 9；模型南北两岸明渠段（包括干渠、渐变段、截石坑段、闸室段等）采用水泥砂浆制作，纯水泥浆抹面，一般认为实验室内此制作工艺水平的粗糙系数为 0.010，根据几何比尺换算成原型，为 0.017 1。它们均较原型设计隧洞粗糙系数 0.013 5 及渠道粗糙系数 0.015 高，即模型制作选取的材料较原型偏于粗糙。但隧洞段沿程水头损失采用阻力阀控制，进出口明渠段长度较短，且流速小，模型过流面偏粗糙增加的额外水头损失影响不大，初步计算分析认为，其增加水头损失 1～2 cm，对过流能力试验成果影响不大。

4）水流条件

原型输水隧洞在加大过流 320 m³/s 条件下，水流雷诺数约为 3×10⁷，处于阻力平方区；而模型受缩尺效应影响，过流 320 m³/s 时，模型隧洞中的最大水流雷诺数约为 2.7×10⁵，基本处于紊流过渡区。一般认为，处于阻力平方区的水流，其水头损失系数λ为仅与粗糙度有关的常数，即 $\lambda = f\left(\dfrac{\Delta}{R}\right)$（其中，$\Delta$ 为表面粗糙度，R 为水力半径）；而在紊流过渡区，水头损失系数不仅与粗糙度有关，还与水流雷诺数 Re 有关，即 $\lambda = f\left(\dfrac{\Delta}{R},Re\right)$。

鉴于此，模型试验须采取加大流量法使模型水流强行进入阻力平方区，从而确定出局部水头损失系数供设计参考。并且，最后过流能力试验成果还须进行修正。

5）测点布置

（1）水位测针 14 个（量水堰及明渠特征段水位）。

（2）环管压力 4 个断面（穿黄隧洞 2 个，邙山隧洞 2 个）。

（3）测压管 40 根（隧洞进出口顶缘、底部及特征部位沿程布设）。

（4）脉动压力传感器 12 只（隧洞进出口顶缘及特征部位）。

（5）流速断面（北岸出口消力池下游）。

（6）流态（隧洞进出口目测、录像及照相）。

（7）波高（北岸明渠取 3 个断面，每个断面测 5 个点）。

3. 试验成果

（1）隧洞进出口局部水头损失系数由进出口局部水头损失和进出口安全栅构成，采用加大流量法测得。进口段局部损失水头系数 ξ 进行三种工况的试验：安全栅完全安装，$\xi=0.518$；安全栅悬空 5 m 安装，$\xi=0.230$；撤除安全栅，$\xi=0.124$，而隧洞出口段局部水头损失系数 $\xi=0.432$。由此可见，安全栅在隧洞进口段局部水头损失中占较大比重。

（2）隧洞过流能力试验表明：在通过加大流量 320 m^3/s 时，完全安装安全栅时南岸渠末水位高于设计值 18.2 cm；若将进口安全栅撤除，南岸渠末水位则低于设计值，说明安全栅对隧洞的过流能力影响较大，且可通过调节安全栅的安装高度或体形优化，达到设计过流能力。试验将安全栅底部悬空 5 m 安装，南岸渠末水位为 118.987 m，可满足设计过流能力。

（3）双（单）洞大流量运行，隧洞进口安全栅前两侧有间歇性吸气漩涡产生（但未形成串通性漏斗漩涡），将气泡带入洞内。中小流量进口流态逐渐趋好，未见吸气漩涡出现，小流量进口水面平静。推荐方案将隧洞进口顶缘椭圆曲线长短轴加大（大喇叭口形），进口流态明显改善，吸气漩涡基本消失，偶有浅表性漏斗漩涡出现。并且，对进口修改方案进行过流能力验证，发现其可满足设计过流要求。

（4）隧洞进出口时均压力主要取决于局部体形变化情况，顺直段时均压力基本按直线分布。试验条件下，隧洞及进出口部位未发现负压，最大正压出现在邙山隧洞末端底板部位，压力值为 51×9.81 kPa。而隧洞水流压力脉动幅值较小，测得的最大脉动压力均方根为 0.15×9.81 kPa。

（5）北岸闸门敞泄运行，隧洞出口水流衔接良好，明渠水面平稳。闸门控泄过流，闸室及消力池段水面晃动、振荡，北岸明渠水面波动较大。双洞运行，出口明渠断面流速分布较均匀，单洞运行，流速分布不均匀，主流贴左岸（左洞运行）下行，右岸为程度不同的回流区，但未见明显折冲水流产生，且流量越大，左右两岸顺流或回流强度越大。小流量运行，未出现远驱水跃流态。各级流量下，出口明渠流速均小于设计抗冲允许流速。

（6）退水闸设计流量运行时，退水洞内呈明满流交替运行状态，水流前后振荡紊乱，水力条件较差。方案优化后，退水闸进口水流平顺，进流均匀，原方案洞内出现的明满交替流态不复存在。可根据水面线试验成果进一步设计退水洞边墙高度，并且可以运用不同的闸门开度控制退水闸的过流量为 132.5 m^3/s。

（7）北岸出口下游设置露顶侧堰，堰顶高程 117 m，堰宽 15 m，当侧堰水位从 120.113 m 逐渐降落至 118.854 m 时，实测单边侧堰过流量从 74.7 m^3/s 逐渐降低至 16.1 m^3/s，流量系数由 0.366 降至 0.307。

（8）除双洞加大过流 320 m^3/s，北岸工作门敞泄外，其余流量级均需北岸工作门控制出流，试验给出了原方案特征运行工况的不同闸门开度，供设计和运行管理参考。

2.3 隧洞衬砌结构研究

2.3.1 新型盾构隧洞预应力复合衬砌结构

在研发盾构隧洞结构形式过程中，从应用角度出发，就隧洞双层复合衬砌结构的各种可能结构形式、内衬与外衬相互作用原理、复合衬砌结构破坏机理、隧洞工程风险管控等方面进行了广泛的研究，最终推荐新型盾构隧洞预应力复合衬砌结构形式。

1. 新型盾构隧洞预应力复合衬砌结构形式的提出

穿黄工程为一等工程，穿黄隧洞为一级建筑物，圆形断面，内径 7 m，双线布置，单洞长 4.25 km，为压力输水的水底隧洞工程，运行期隧洞中心内水压力大于 0.5 MPa；采用盾构法施工，穿过黄河河床软土地层，洞顶埋深 23～32 m，外部除作用土压力外，尚作用有外水压力，按黄河设计洪水位 104.27 m 计，算至隧洞中心为 0.32～0.37 MPa。

在水工结构中，压力输水隧洞（含管道，下同）并不少见，但多为山岭隧洞或管涵。在软土地层中，采用盾构法施工的管片拼装结构水底隧洞，同期国内外也大多为交通隧洞、无压排水隧洞或小直径的低压输水隧洞，而且无内水外渗影响下的隧洞稳定问题。

结合穿黄工程地质条件及输水运用条件，通过对隧洞工程大量的研究工作，提出了盾构隧洞预应力复合衬砌结构形式，以适用于采用盾构法穿越软土地层的压力输水隧洞。

鉴于穿黄隧洞为大型压力输水隧洞，地处黄河典型游荡性河段，位于地震区，地质条件复杂，除需承受外部水、土荷载外，还需承受大于 0.5 MPa 的内水压力。由于盾构法施工形成的管片环为拼装式结构，而穿黄工程前尚无拼装式结构用作大型压力水工隧洞衬砌的实例，为此需要在拼装式管片环内再修建一层衬砌，用来承受内水压力，并满足过流对平整度的要求；采用普通钢筋混凝土内衬，当承受较高内水压力时为偏拉结构，为满足安全承载与正常使用要求，钢筋配置密度很大，混凝土浇筑施工困难，因而，提出了盾构隧洞内衬为预应力结构的新型盾构隧洞预应力复合衬砌结构形式。

2. 复合衬砌结构的力学模型

新型盾构隧洞预应力复合衬砌结构具有双层复合衬砌，其外层衬砌是盾构掘进过程中形成的拼装式管片环，为普通钢筋混凝土结构，内层衬砌为现浇预应力钢筋混凝土结构，根据工作条件，两层衬砌可以设计成彼此单独受力的结构或联合受力结构，其工作原理如下。

（1）外层衬砌——拼装式管片环。在盾构掘进过程中由管片拼装形成，给内层衬砌提供施工空间。当设计为彼此单独受力的结构时，外衬基本上只承受自重和外部水土压力；当设计为联合受力结构时，外衬除承受自重和外部水土压力外，施工期接受内层衬砌传递的预应力，并在输水运行期分担内水压力。

（2）内层衬砌——预应力钢筋混凝土结构，用于形成输水空间。通过对内层衬砌施加后张预应力，满足其承载能力，并改善其抗裂性能。当设计为单独受力结构时，内层衬砌将承担全部的内水压力；当设计为联合受力结构时，与外层衬砌共同承受预应力和内水压力。

（3）单独受力和联合受力的结构措施主要是在内衬与外衬界面上（以下简称界面）设置足够厚的弹性软垫层，满足单独受力要求；对于联合受力结构，可通过控制弹性软垫层的线刚度（指弹性软垫层弹性模量与其厚度的比值），满足内衬与外衬的分载要求，必要时，还可取消弹性软垫层，内衬混凝土直接浇筑到管片上，将内衬混凝土填入外衬管片拼装手孔中，以形成混凝土剪力键，同时在手孔内埋置联系内外衬的插筋，使内层衬砌与外层衬砌联合为一个整体结构工作，这样不仅可以充分利用外部水、土荷载抵消部分内水压力，而且由于两层衬砌叠合为整体结构，可以增加隧洞承载能力和抵御变形的刚度，满足防渗要求，材料也得以充分利用。

3. 复合衬砌结构形式

盾构隧洞预应力复合衬砌结构形式研究中主要分析、论证了以下三类。

1）第 1 类结构形式

此类结构形式外衬与内衬均为普通钢筋混凝土结构，此类结构研究了如下两个方案。

（1）方案 1。隧洞外衬为拼装式管片环，厚度 40 cm，在盾构掘进过程中形成，并单独承载；内衬厚度 45 cm，在外衬围护下施工，运行期内衬与外衬联合承担内水压力，其联合受力程度由内衬与外衬叠合界面的拉应力和剪应力条件决定。

（2）方案 2。以拼装式管片环外衬为主受力结构，其中外衬管片厚度为 60 cm，内衬厚度为 20 cm，由于内衬厚度很薄，主要起修正盾构施工"蛇行"、减小过水表面粗糙度，以及提高外衬管片耐久性、防水性等作用。内衬施工前由外衬单独承载，内衬形成后，与外衬联合受力，其联合受力程度由叠合界面的拉应力和剪应力条件决定。

2）第 2 类结构形式

此类结构形式的外衬为拼装式钢筋混凝土管片，内衬为预应力混凝土结构，此前未见先例，为新型盾构隧洞预应力复合衬砌结构形式。

外衬管片环——内径 7.9 m，外径 8.70 m，衬厚 40 cm，由 7 块预制钢筋混凝土管片拼装组成，管片环单环宽 1.6 m；混凝土强度等级为 C50，抗渗等级为 W12。

内衬——内径 7.0 m，外径 7.90 m，衬厚 45 cm，为后张法预应力钢筋混凝土结构，标准分段长 9.6 m，混凝土强度等级为 C40，抗渗等级为 W12，要求内壁粗糙系数 $n \leq 0.013\,5$。预应力通过张拉锚索提供，单束锚索由 12 根直径为 15.2 mm 的钢绞线集束而成，锚索间距为 45 cm，为锚索张拉提供空间的预留槽分左、右、高、低四列布置，详见图 2.3.1，其中切于低位预留槽的横断面见图 2.3.2，切于高位预留槽的横断面见图 2.3.3。

该类结构根据内衬与外衬分界面的接触关系和功能不同，又研究了以下两个方案，方案编号顺接为方案 3、方案 4。

（1）方案 3。内衬、外衬由弹性软垫层分隔，按此建立计算模型。设计原则是内衬、外衬均单独受力，即内衬施工前外衬自重和外部水、土荷载由外衬单独承担；内衬形成

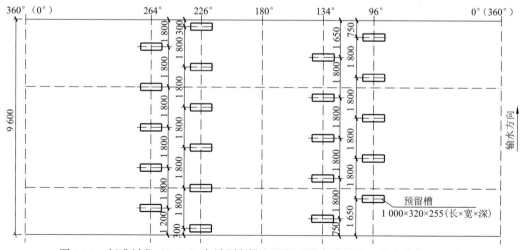

图 2.3.1　标准衬段（9.6m）内衬预留槽布置图（沿内壁展开，尺寸单位：mm）

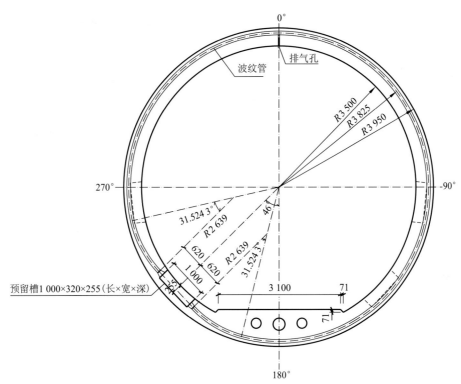

图 2.3.2　1—1 内衬低位预留槽横断面图（尺寸单位：mm）

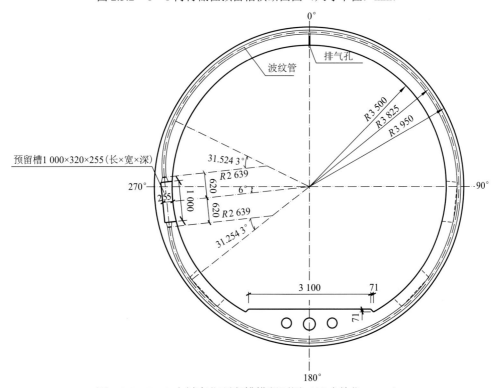

图 2.3.3　2—2 内衬高位预留槽横断面图（尺寸单位：mm）

后，内衬自重、预应力和运行期内水压力主要由内衬承担。拟定的管片厚度为 40 cm，内衬厚度为 45 cm，弹性软垫层厚 10 mm，内衬采用 HM 锚预应力系统，由后张集束钢绞线（简称锚索）提供，单束锚索由 12 根直径为 15.2 mm（1860 级）的钢绞线集束而成，锚索间距为 45 cm。

（2）方案 4。该方案外衬和内衬的结构布置与方案 3 相同，不同的是，内、外衬界面不再设置弹性软垫层，而是利用外衬手孔设置插筋，与内衬相连；内衬混凝土直接浇筑在外衬表面，在锚索张拉后，对孔道进行灌浆处理。该方案内衬施工前，外衬单独承载。其后，内外衬共同工作。

3）第 3 类结构形式

此类结构形式外衬为钢筋混凝土管片环，内衬为钢板结构，有如下两种方案。

第一种为钢板钢筋混凝土方案，钢板在内圈，钢板与外衬之间充填混凝土。

第二种为明钢管方案，钢管与外衬分离，钢管支承在支墩或连续管座上，并将其结构自重和其上荷载传递到外衬管片环，此种方案根据布置特点也称为外衬内置明钢管方案，断面图见图 2.3.4。

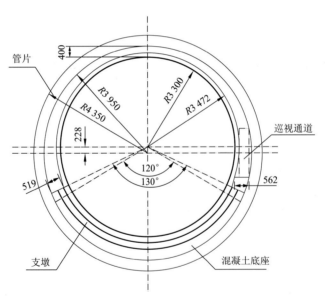

图 2.3.4 明钢管方案断面图（尺寸单位：mm）

在内衬为钢板结构的两种方案中，第二种明钢管方案工程量较小，并能适应黄河冲淤变化引起的纵向变形，选为代表与预应力复合衬砌结构进行比较。因长隧洞焊接施工条件恶劣，钢管就位与混凝土施工困难，巡视通道宽仅 56.2 cm，防腐工作量大，运行管理条件差，且不能按预定工期完工，投资较大，放弃该类方案。

2.3.2　盾构隧洞预应力复合衬砌的破坏模式

穿黄隧洞为穿行于河床软土地层的大型有压水工隧洞，最为重要的是要防止洞内高压水从管片接缝和内衬变形缝外渗，诱发洞外围土渗透破坏，这是对所研究各类结构方案共同的也是最基本的要求。

1. 第 1 类结构形式的破坏模式

第 1 类结构形式为双层普通钢筋混凝土结构，此类复合结构形式的破坏机理主要表现在如下两方面。

1）承载破坏

对于双层衬砌均为普通钢筋混凝土的结构，关键在于它们能否成为叠合结构工作。若结构因叠合面全部或大部分拉应力、剪应力超限，失去整体承载能力，便意味着结构破坏（若单层衬砌已满足承载要求，只是按双层布置，则从结构受力角度不属于叠合结构形式）。

2）贯穿性裂缝

即使叠合面完好，可以作为一个整体结构工作，但若双层衬砌厚度偏薄或配筋不当，并受混凝土质量影响，产生贯穿性裂缝，则其不仅不满足正常使用要求，还会造成内水外渗，诱发洞外围土渗透破坏。

2. 第 2 类结构形式的破坏模式

第 2 类结构形式外衬为拼装式钢筋混凝土结构，内衬为预应力钢筋混凝土结构，此种新型复合结构只要预应力设计合理，自身承载与正常使用一般不会有问题，已被其后进行的穿黄隧洞衬砌 1∶1 仿真模型试验所证实。因此，关键在于预应力及内衬与外衬的接触关系是否满足设计要求。

1）内衬开裂

对于内衬，无论是有垫层方案还是无垫层方案，如果内衬预应力未达到设计要求，就有可能产生裂缝。一方面，内衬本身不能满足正常使用要求，且严重影响其耐久性；另一方面，内衬出现贯穿性裂缝时将导致内水外渗，使渗水进入内外衬之间的界面，对外衬产生不利影响。

2）方案 3 内外衬之间水压超限

若内衬接缝止水失效或内衬出现贯穿性裂缝，且内外衬之间垫层排水失效，内水将外渗至界面，使其界面渗透压力升高，超过设计允许的压力值。此时，外衬接缝螺栓应力超限，出现承载破坏的安全问题，并有可能因外衬环体和接缝外张变形超限，存在内水外渗至洞外，诱发围土渗透破坏，造成结构失稳的安全隐患。因此，控制内水外渗，防止界面渗透压力升高超限是该方案的关键技术问题。

3）方案 4 内外衬界面插筋失效

由于内衬混凝土直接浇筑在外衬上，正常施工条件下，内衬与外衬叠合为联合受力结构；即使内衬混凝土存在一般的质量缺陷，借助插筋和混凝土剪力键，内衬可以分担作用在外衬内壁面上的渗透压力，将大大改善外衬的受力与变形，并因与内衬联合受力，隧洞内外衬整体仍具有相同的安全度，一般难以出现方案 3 的极端工况。但若内衬混凝土发生严重质量问题，使其完全丧失承载能力，或者内外衬界面插筋失效，造成联合受力失败，也会出现类似方案 3 的工作状态和可能的破坏形式。

2.3.3 结构计算方法

1. 复合衬砌的平面杆系有限元分析方法

对于单层盾构隧洞，常用的横向分析方法有惯用法及其修正法、多铰圆环法、梁-弹簧模型法。其中，惯用法对衬砌管片接头简化或忽略；修正惯用法采用对整环弯曲刚度折减，对接头弯矩折减和对管片弯矩加大的方式进行处理，计算方法比较粗略；多铰圆环法的特点是采用铰结构模拟了衬砌管片接头的抗弯效应，但该方法无法模拟环向接头的力学效应，从而难以反映管片真实的力学特性；梁-弹簧模型法以接头刚度考虑管片结构，但接头刚度的值如何选取需要依据试验或工程经验。

对于穿黄隧洞，除要考虑外衬管片接头的影响外，还要考虑内衬与外衬的接触，建立了一种新的计算方法，要点如下。

（1）对于外衬拼装式管片接头，采用接头分析模型（图 2.3.5）。该接头模型包括管片、螺栓及衬垫，接头衬垫采用弹簧模拟，只承压和承剪，不抗拉，螺栓只能承拉。该模型可以较好地模拟接缝承压或张开状态，并能模拟螺栓预紧力，较常规的接头刚度模

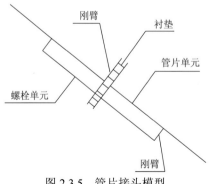

图 2.3.5 管片接头模型

型能更直观地模拟接头受力状态。具体计算时，处理如下：①螺栓拉力 $T \leqslant 0$ 时，螺栓单元释放；②衬垫剪力 $Q \geqslant \mu N$（其中，μ 为接缝面摩擦系数，N 为衬垫轴压力）时，取 $Q = \mu N$；③$N \leqslant 0$ 时，衬垫单元释放。

（2）对于联合受力方案，先按联合受力计算，然后对按内、外衬界面拉应力和剪应力进行复核，再按修正后的联合受力范围计算。

（3）对于单独受力方案，底部联合部分同联合受力方案，边顶拱弹性垫层部位采用只承压、不抗拉的弹簧模拟。

（4）为充分反映地层与结构之间的相互作用，地层约束以弹簧模拟，按只承压、不抗拉的原则，根据计算情况确定约束范围。

其中，内、外衬独立工作方案的含内衬和一环管片的空间非线性杆系模型见图 2.3.6。

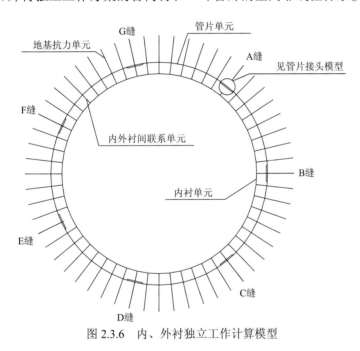

图 2.3.6　内、外衬独立工作计算模型

2. 大圆心角预应力束反向摩擦计算方法

对于内衬环形预应力混凝土结构，预应力钢筋的预应力沿着孔道壁从张拉端到锚固端并不是一个恒定的值，受施工因素、材料特性及环境条件的影响，在施工和使用过程中随着时间的推移会逐渐减小，从而使结构受到的混凝土预压应力相应减小，这种现象称为预应力损失。在所有预应力损失都发生后，预应力钢筋中的应力降低至最终值，即有效预应力 σ_{pe}。

内衬环形预应力混凝土结构设计所考虑的预应力损失主要有：锚具变形和钢筋内缩引起的预应力损失、预应力钢筋与孔道壁之间的摩擦引起的预应力损失、预应力钢筋应力松弛引起的预应力损失、混凝土收缩和徐变引起的预应力损失及衬砌结构收缩引起的预应力损失等。各部分预应力损失计算方法在《水工混凝土结构设计规范》（SL 191—2008）中均有规定，但该规范在计算锚具变形和钢筋内缩的反向摩擦影响长度时，提供的公式只适用于圆心角 $\theta \leqslant 30°$ 的情况，而内衬环向预应力束形包括直线及两段圆弧曲线，且圆心角一般均超过 30°，因此需寻求新的计算方法。

内衬预应力钢筋张拉及锚固后预应力钢筋的应力图如图 2.3.7 所示，其中 AB 段为直线段，BC 段为第一段圆弧段，C 点为第二段圆弧段起点，D 点为反向摩擦点。

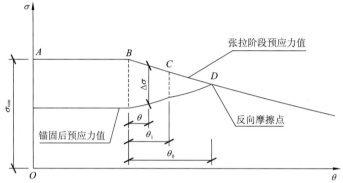

图 2.3.7　预应力钢筋由锚具变形和钢筋内缩引起的损失值示意图

图 2.3.7 中，

$$\Delta\sigma = \sigma_{\mathrm{con}} \mathrm{e}^{-u'\theta} - \sigma_{\mathrm{con}} \mathrm{e}^{-u'\theta_0} \mathrm{e}^{-u'(\theta_0-\theta)} \tag{2.3.1}$$

相应曲线段预应力钢筋微元长度 $\mathrm{d}L$ 的缩短值 $\mathrm{d}a$ 为

$$\mathrm{d}a = \frac{\Delta\sigma}{E_{\mathrm{s}}}\mathrm{d}L = \frac{\Delta\sigma}{E_{\mathrm{s}}}\gamma\mathrm{d}\theta \tag{2.3.2}$$

当反向摩擦点在第一段圆弧段时，曲线段预应力钢筋长度缩短值为

$$a_2 = \frac{\gamma_1\sigma_{\mathrm{con}}}{E_{\mathrm{s}}u'}(1 + \mathrm{e}^{-2u'\theta_0} - 2\mathrm{e}^{-u'\theta_0}) \tag{2.3.3}$$

当反向摩擦点在第二段圆弧段时，曲线段预应力钢筋长度缩短值为

$$a_3 = \frac{\gamma_1\sigma_{\mathrm{con}}}{E_{\mathrm{s}}u'}(1 + \mathrm{e}^{-2u'\theta_0} - \mathrm{e}^{-u'\theta_1} - \mathrm{e}^{u'\theta_1-2u'\theta_0}) + \frac{\gamma_2\sigma_{\mathrm{con}}}{E_{\mathrm{s}}u'}(\mathrm{e}^{-u'\theta_1} + \mathrm{e}^{u'\theta_1-2u'\theta_0} - 2\mathrm{e}^{-u'\theta_0}) \tag{2.3.4}$$

直线段钢筋长度缩短值为

$$a_1 = \frac{L\sigma_{\mathrm{con}}}{E_{\mathrm{s}}}(1 - \mathrm{e}^{-2u'\theta_0}) \tag{2.3.5}$$

由 $a = a_1 + a_2$ 或 $a = a_1 + a_3$，即可经试算求得 θ_0，从而得出反向摩擦影响长度。

式（2.3.1）～式（2.3.5）中：σ_{con} 为预应力钢筋张拉控制应力；L 为预应力钢筋直线段长度；γ 为圆弧段预应力钢筋曲率半径；γ_1 为第一段圆弧段预应力钢筋曲率半径；γ_2 为第二段圆弧段预应力钢筋曲率半径；E_{s} 为预应力钢筋的弹性模量；u' 为预应力钢筋与孔道壁的综合摩阻系数；θ_0 为反向摩擦点对应的圆心角度；θ_1 为第一段圆弧段预应力钢筋对应的圆心角度；a 为锚具变形和预应力钢筋内缩值；a_1 为直线段预应力钢筋长度缩

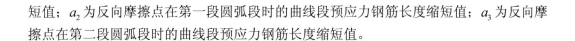

短值；a_2 为反向摩擦点在第一段圆弧段时的曲线段预应力钢筋长度缩短值；a_3 为反向摩擦点在第二段圆弧段时的曲线段预应力钢筋长度缩短值。

2.3.4　复合结构的安全性评价

1. 盾构隧洞预应力复合衬砌结构分析

在考虑了外层管片拼装接头模型后，第 1 类结构形式和第 2 类结构形式的内衬与外衬整体可视为组合结构，进行结构分析。

1）结构设计安全标准

（1）隧洞有关技术指标按满足一级建筑物要求取值。

（2）外衬管片环除应满足承载要求与抗裂要求外，管片环结构变形控制指标如下：直径变形≤6‰D（D 为隧洞外衬直径）；按防水要求，管片环设计防水压力为 0.8 MPa，当管片接缝径向错动 20 mm 时，允许环向张开≤4 mm，当管片接缝径向错动 15 mm 时，允许环向张开≤6 mm。

（3）内衬为普通钢筋混凝土结构时，应满足承载要求和抗裂或限裂要求；内衬为预应力钢筋混凝土结构时，要求在基本荷载组合下，满足一级裂缝控制要求（即全截面受压要求）；在特殊荷载组合下，满足二级裂缝控制要求（即允许出现拉应力，但应满足抗裂要求）。

2）荷载分期组合

根据穿黄隧洞的施工过程及运行条件，结构设计时分期计算应力，除对隧洞结构按各施工及运行阶段进行有限元模拟外，还视不同方案将荷载分为两期加载（内衬为钢筋混凝土结构）或三期加载（内衬为预应力钢筋混凝土结构），详见表 2.3.1。

表 2.3.1　隧洞分期荷载组合表

阶段	自重	螺栓预紧力	土压力	预应力	外水压	内水压	界面水压	温度	荷载组合 工况	荷载组合 组合类别
第一期	√	√	√	—	√	—	—	—	施工	特殊
第二期	√	√	√	√	√	—	—	—	施工	特殊
第三期 1	√	√	√	√	√	√	—	—	运行	基本
第三期 2	√	√	√	√	√	√	—	√	运行	特殊
第三期 3	√	√	√	√	√	√	√	—	运行	特殊

注：方案 1 和方案 2 只有第一期、第三期 1 和第三期 2，属于分两期加载，且无预应力荷载；界面水压指外衬与内衬界面上作用的水压力。

3）不同结构方案计算成果分析

考虑到工程习惯，以下主要根据平面杆系有限元法的计算成果对不同类型结构的方案进行评价。

（1）方案1、方案2、方案3。在各种工况下，三个方案的外衬均可满足承载和抗裂要求，且钢筋配置合理。对于内衬，方案1和方案2的配筋受第三期2工况控制，为满足限裂要求，方案1内衬钢筋含量高达207 kg/m³，方案2更高，达272 kg/m³。相应的钢筋配置密度很大，浇筑施工困难，将影响混凝土的质量，对结构长期正常使用不利。方案3对内衬施加预应力，在基本荷载组合下，内衬全截面受压，满足一级裂缝控制要求，在特殊荷载组合下，满足二级裂缝控制要求，有利于结构长期正常使用。经经济条件比较，结合施工质量可控性，在初步设计阶段便放弃方案1、方案2，而选用方案3。

（2）方案3、方案4。开展盾构隧洞结构形式研究时，正处穿黄隧洞内衬施工准备阶段，鉴于施工单位反映方案3垫层中的防水聚乙烯（polyethylene，PE）膜的施工存在困难，方案审查决定取消方案3垫层中的防水PE膜，同时对取消全部垫层的方案4进行研究。如2.3.1小节所述，方案4和方案3的区别主要在于内衬与外衬界面的接触关系：方案3有垫层分隔，内衬与外衬结构有限联合，功能独立，呈单独受力状态；方案4无垫层分隔，内衬混凝土直接浇筑到外衬上，且有插筋使它们连为整体，内衬与外衬呈联合受力状态。

有垫层的方案3的第三期3工况的计算结果表明，若界面内水外渗压力为内水压力的一半，虽然仍满足承载与正常使用要求，但若界面渗透压力继续升高，对管片受力与变形将十分不利，运行中务必避免此工况发生。方案4通过在内衬与外衬之间加设插筋，并利用外衬管片手孔回填混凝土形成剪力键，实现联合受力，计算表明，内衬与外衬作为叠合结构，整体受力，衬砌外部和内部荷载部分抵消，外衬管片各期工况均满足承载与抗裂要求，外衬管片接缝始终处于闭合状态，无内水外渗影响围土稳定问题，可确保结构安全；内衬结构除满足承载要求外，在基本荷载组合下，全截面受压，满足一级裂缝控制要求，在特殊荷载组合下，满足抗裂或限裂要求，达到二级裂缝控制标准。

2. 风险管理措施

针对上述可能的破坏形式，结构设计采取了相应的风险预防措施，主要如下。

1）加强内衬防水

内衬分段接缝是内水外渗的薄弱环节，内衬布置多道止水，如从内到外依次设置喷涂聚脲封闭缝口、紫铜止水片和遇水膨胀橡胶条，并要求对内衬每道变形缝进行压水试验，检验渗漏情况，经检验合格后，方可投入工程运行。

2）完善管片拼装工艺

完善管片拼装工艺，满足规范对错台的要求，保证隧洞外衬管片拼接精度要求，止水可靠。

3）加强叠合界面处理

对于方案 1、方案 2、方案 4，除合理选定内、外衬厚度和配筋外，注重提高叠合界面的黏结强度，可以考虑选用以下措施。

（1）加糙：采取凿毛、喷砂，或者模板设计，使管片内壁面具有榫槽相间外形。

（2）强化连接措施：两层衬砌加设联系筋，手孔回填混凝土，形成剪力键。

（3）提高界面黏结性能：如内衬混凝土浇筑前，在管片内壁面涂界面胶。

4）完善预应力工艺和界面措施

对于方案 3、方案 4，为确保内衬预应力满足设计要求，施工时注意以下几点。

（1）防止波纹管在预应力张拉前锈蚀，以免加大摩阻系数，影响预应力效果。

（2）波纹管埋设应位于同一竖向平面，同时满足设计要求的线形。

（3）锚索张拉达到设计要求的控制张拉力，并满足弹性伸长变形控制要求。

（4）做好预留槽封填和波纹管孔道真空灌浆，确保预应力的耐久性。

（5）方案 3 内、外衬界面的垫层应防止液态混凝土和回填灌浆污染，满足排水畅通要求。

（6）方案 4 插筋直径应预留腐蚀厚度，使其在设计基准期内满足设计要求；手孔回填混凝土时，为使倒悬手孔混凝土回填饱满，宜通过现场试验，采用硫铝酸盐小石混凝土人工回填，以形成可靠的剪力键。

5）加强安全监测

设置必要的安全监测设施，包括钢筋计、应变计、渗压计、测缝计、锚索测力器和竖向位移观测点等，跟踪监测隧洞运行工作情况，发现异常及时检修、处理。

2.4 复合衬砌盾构隧洞 1∶1 仿真试验

2.4.1 试验概况

1. 试验研究目的与任务

为检验穿黄隧洞在复杂条件下的运行性态和新型盾构隧洞预应力复合衬砌结构的技术可行性、适用性和运行安全性，除进行大量的数学模型研究外，考虑到穿黄隧洞工程的新型隧洞结构是水利水电行业首次应用，在南水北调中线干线建设管理局支持下，长江设计集团联合长江科学院，按穿黄隧洞运行条件，就盾构隧洞预应力复合衬砌结构开展了 1:1 仿真试验研究（简称新型盾构隧洞仿真试验研究）。

2. 试验研究内容

新型盾构隧洞仿真试验研究的内容主要包括以下几个方面。

（1）仿真试验模型设计。

（2）内、外衬界面为软垫层方案（见 2.3 节方案 3）时，外衬、内衬各工作阶段的应力过程。

（3）内、外衬界面布置插筋和混凝土剪力键（见 2.3 节方案 4）时，外衬、内衬各工作阶段的应力过程。

（4）垫层特性。

3. 试验研究过程

新型盾构隧洞仿真试验研究分两个阶段进行：第一阶段完成准备性试验研究；第二阶段完成仿真模型试验研究，为模拟水土作用环境，试验模型设于地下，故又称地下模型试验研究。

第一阶段准备性试验研究始于 2006 年，研究内容主要包括：①预应力器材检验；②垫层特性试验研究；③内衬有黏结预应力混凝土环张拉锚固试验研究，其间还穿插完成了混凝土环浇筑试验研究和无黏结预应力混凝土环张拉锚固试验研究。2009 年先后完成了《穿黄隧洞衬砌 1:1 仿真试验准备性试验研究报告》和《穿黄隧洞衬砌 1:1 仿真试验无粘结地面试验研究报告》，并先后于 2007 年 4 月和 2009 年 5 月通过了南水北调中线干线建设管理局和原国务院南水北调工程建设委员会专家委员会组织的审查，确认已具备进行地下模型试验的条件。图 2.4.1 为第一阶段试验完成的三环地面试验模型照片。

图 2.4.1　第一阶段试验完成的三环地面试验模型照片

2009 年下半年地下模型试验研究正式开始，2010 年 6 月完成试验，2010 年 8 月提交《穿黄隧洞衬砌 1∶1 仿真试验地下模型试验研究报告》，2010 年 9 月南水北调中线干线建设管理局组织专家对试验研究报告进行审查，确认完成了各项试验内容，达到了预期目标，并认为"试验目的明确、设计合理、过程控制严谨、分析计算方法科学且针对性强，所获数据资料翔实，成果可靠、说服力强，可作为设计和施工方案优化的基础"。图 2.4.2 为第二阶段试验研究的 1∶1 地下模型建造过程中的照片。

图 2.4.2　地下模型施工中（填土已填至地下模型的中腰）

填土面高程约 156 m，距设计填土面尚有 34.9 m

2.4.2　仿真试验模型设计

1. 水土环境仿真

地下模型试验场位于黄河南岸邙山黄土岗地，地表高程为 172～174 m，地下水位约为 139 m，埋藏较深。为模拟穿黄隧洞工程的自然条件，通过开挖，将试验模型深埋于地下，再人工回填与工程典型断面类似的砂料和土料，同时设置防水土工膜包裹模型，再对防水土工膜与模型之间的填土充水至穿黄隧洞工程地下水位，以便形成与工程相同的水土环境。图 2.4.3 为地下模型埋置图。

2. 地下模型仿真结构布置

地下模型深埋地下，除模型仿真布置外，还需要在模型的端部形成一个能抵御外部水土作用和洞内充水加压作用的封堵结构，同时需要提供地下模型内衬施工和试验的交通、运输条件，为此地下模型结构由试验段、堵头段和隧洞竖井段组成。图 2.4.4、图 2.4.5 分别为地下模型平面布置图和纵向剖面图。

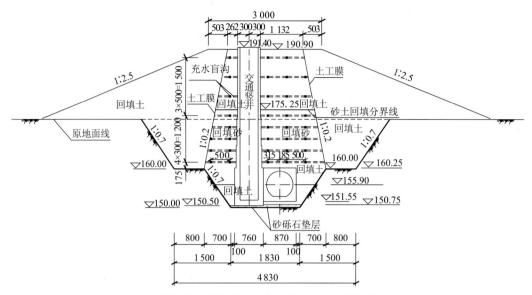

图 2.4.3　地下模型埋置图（尺寸单位：cm；高程单位：m）

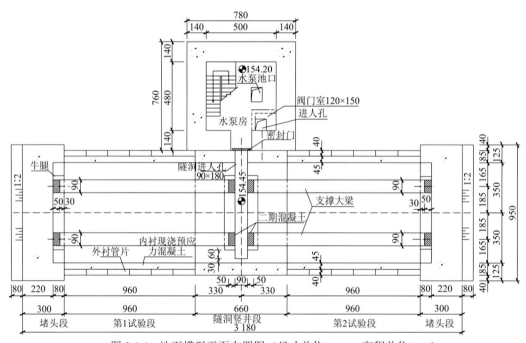

图 2.4.4　地下模型平面布置图（尺寸单位：cm；高程单位：m）

3. 试验段结构

试验段包括与交通竖井相连的隧洞竖井段和位于竖井段两侧的试验段组成。

试验段共 2 段，图 2.4.4 和图 2.4.5 中竖井段左侧为第 1 试验段，按方案 3 布置；隧洞竖井段右侧为第 2 试验段，按方案 4 布置；试验段每段长 9.6 m，隧洞断面、衬砌结构、接缝等均与穿黄隧洞原型相同。

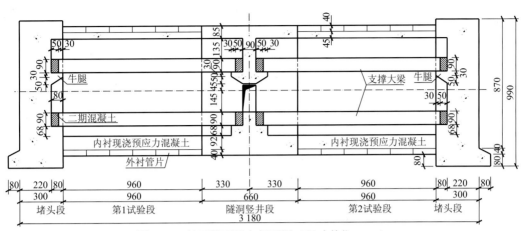

图 2.4.5 地下模型纵向剖面图（尺寸单位：cm）

（1）外衬结构——内径为 7.9 m，外径为 8.7 m，衬厚 40 cm，由 7 块预制钢筋混凝土管片拼装组成，管片环单环宽 1.6 m；混凝土强度等级为 C50，抗渗等级为 W12。

（2）内衬结构——内径为 7.0 m，外径为 7.9 m，衬厚 45 cm，为后张法有黏结预应力钢筋混凝土结构，内衬混凝土强度等级为 C40，抗渗等级为 W12；预应力由张拉锚索提供，锚索由 12 根直径为 15.2 mm 的钢绞线集束而成，锚索布置见图 2.4.6、图 2.4.7；锚索间距 45 cm，每个试验段布置 21 束，预留槽分左、右、高、低四列布置。

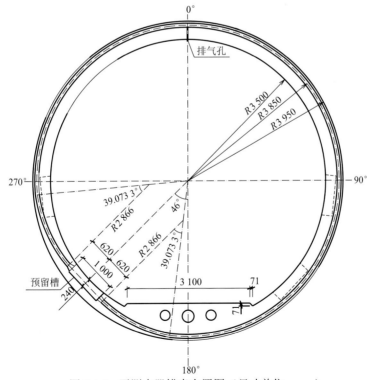

图 2.4.6 无测力器锚索布置图（尺寸单位：mm）

43

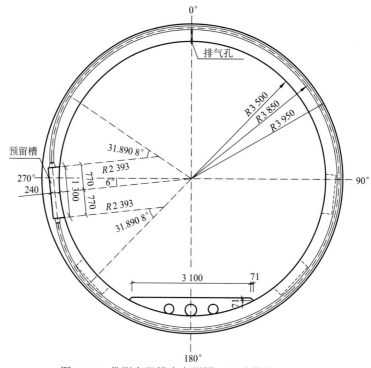

图 2.4.7 带测力器锚索布置图（尺寸单位：mm）

（3）内、外衬界面——第 1 试验段内、外衬界面设置防、排水弹性垫层，第 2 试验段内、外衬界面不再设置弹性垫层，内衬混凝土直接浇筑在外衬的内表面，并在外衬手孔布置插筋，以加强内衬与外衬的联结。

4. 充水设施

地下模型空腔容积约 1 000 m³，为形成稳定的内水压力，在地面钢塔布置了高位水箱，以确保模拟隧洞在通水运行工况下水头准确、稳定。此外，为正常供水，还配套了工作水池、水泵和相应的连接管路等设施，以确保试验不间断顺利进行。为营造地下模型水环境，设置地下水位调节井，给土工膜内地下水充水并调节水位；试验完毕，洞内水体排向交通竖井下方集水井，再抽排至洞外排水沟。图 2.4.8 为地下模型水环境和洞内充排水设施布置图。

5. 监测仪器布置

1）监测断面布置

第 1 试验段和第 2 试验段各布置 4 个监测断面，另外，为确保锚索张拉过程结构安全，各布置了 2 个专项监测断面，详见图 2.4.9，其与内衬预留槽的相对位置见图 2.4.10。

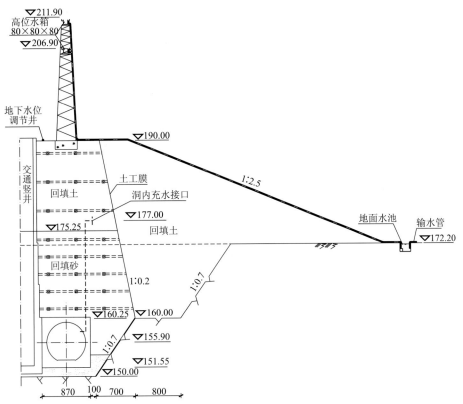

图 2.4.8　地下模型水环境和洞内充排水设施布置图（尺寸单位：cm；高程单位：m）

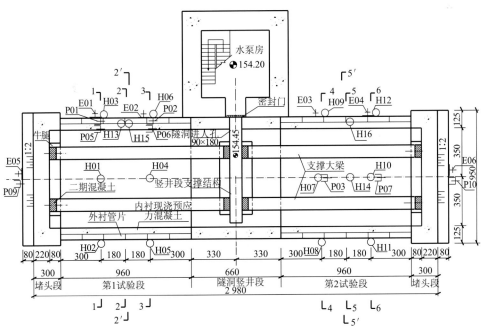

图 2.4.9　地下模型监测断面及洞外仪器布置图（尺寸单位：cm）

说明：仪器编号中 E、H、P 分别为土压力计、测压管、渗压计代号

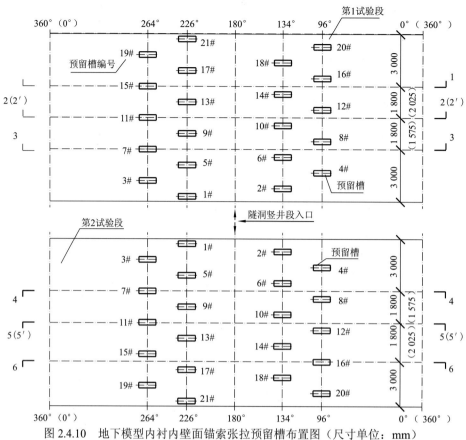

图 2.4.10 地下模型内衬内壁面锚索张拉预留槽布置图（尺寸单位：mm）

2′—2′、5′—5′剖面定位取括号内尺寸

2）监测项目与监测仪器

监测仪器配置见表 2.4.1，监测项目包括外部土压力与水压力、垫层渗流量与渗透水压力、内衬与外衬界面开合度、内衬混凝土和钢筋应变、预应力锚索锚固力、结构收敛变形。

表 2.4.1　监测仪器配置表　　　　　　　　　　　　（单位：个）

应变计	钢筋计	无应力计	测力计	渗压计	土压力计	测缝计	测压管	调节井
70	20	4	6	6	6	22	12	4

2.4.3　主要试验成果

1. 方案 3 试验成果

1）内衬应力分布

图 2.4.11、图 2.4.12 分别为锚索张拉后和洞内按设计水压充水后 1—1 断面内衬混凝

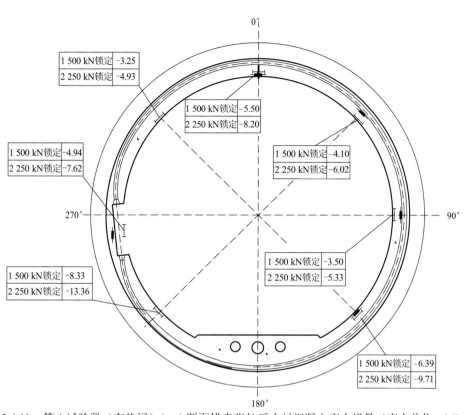

图 2.4.11　第 1 试验段（有垫层）1—1 断面锚索张拉后内衬混凝土应力增量（应力单位：MPa）

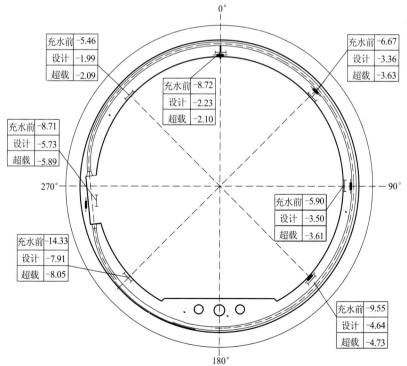

图 2.4.12　第 1 试验段（有垫层）1—1 断面充水达设计压力后内衬混凝土应力增量（应力单位：MPa）

土应力增量。结合 2′—2′、3—3 剖面测量成果，全部锚索张拉到 2 250 kN 后，内衬混凝土应力增量为-13.36～-3.95 MPa，平均为-7.66 MPa；充水达到设计水压时，内衬混凝土应力增量为-1.36～-7.91 MPa，平均为-3.90 MPa，达到全截面受压的设计要求。

2）防排水垫层渗透性能

（1）防排水垫层实测渗透系数。

通过实测防排水垫层通入排水管的流量，估算渗透系数，格栅排水层约为0.133 cm/s，外层土工布约为 0.048 cm/s，能够满足隧洞衬砌渗漏水排放的要求。

（2）防排水垫层排水不畅试验。

在设计水压下，实测排水格栅渗压水头如下：排水顺畅时，为 4.32～5.50 m；排水不畅时，防排水垫层水压将迅速升高，为 33.2～30.32 m，对外衬安全不利。

2. 方案 4 试验成果

1）内衬应力分布

图 2.4.13、图 2.4.14 分别为锚索张拉后和洞内按设计水压充水后 4—4 断面内衬混凝土应力增量。结合 5′—5′、6—6 剖面测量成果，全部锚索张拉到 2 250 kN 后，内衬混凝

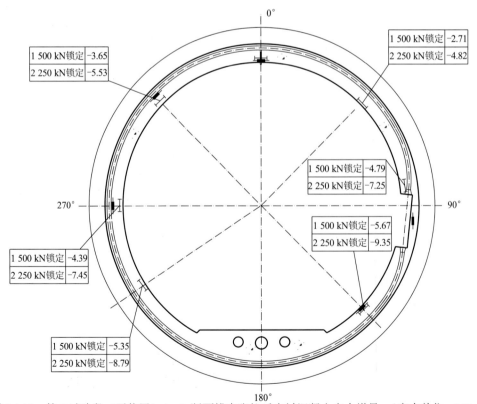

图 2.4.13　第 2 试验段（无垫层）4—4 断面锚索张拉后内衬混凝土应力增量 （应力单位：MPa）

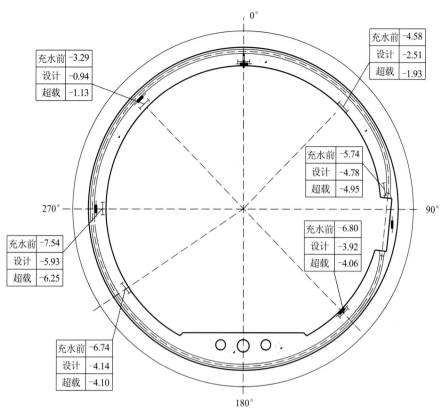

图 2.4.14　第 2 试验段（无垫层）4—4 断面充水达设计压力后内衬混凝土应力增量（应力单位：MPa）

土应力增量为-9.35～-4.10 MPa，平均为-6.76 MPa；充水达到设计水压时，内衬混凝土应力增量为-0.57～-5.93 MPa，平均为-3.35 MPa，达到全截面受压的设计要求。

2）外衬应力分布

锚索张拉后外衬混凝土应力增量变化于-0.49～-2.53 MPa，平均为-1.39 MPa；洞内充水达到设计水压时，外衬混凝土应力增量变化于 1.43～1.95 MPa，平均为 1.64 MPa。

3）内衬与外衬联合受力

（1）界面接触状态。

由于新浇筑的内衬混凝土的体积变形，内衬与外衬接触界面的开度（以下简称界面开度）平均为 0.23 mm，锚索张拉后平均为 0.51 mm，洞内充水达到设计水压后，内衬环体发生外扩变形，界面开度有所减小，但并不明显。

（2）锚索张拉过程应力变化分析。

内衬混凝土应力增量：有垫层试验段为-13.36～-3.95MPa，平均为-7.66 MPa；无垫层试验段为-9.35～-4.10 MPa，平均为-6.76 MPa，较有垫层试验段平均约小 0.9 MPa（指绝对值，下同）。外衬混凝土应力增量：有垫层试验段无变化，无垫层试验段为-0.49～

−2.53 MPa，平均为−1.39 MPa，表明外衬获得了部分预应力。

（3）洞内充水过程应力变化。

内衬混凝土应力增量：有垫层试验段为−1.36～−7.91 MPa，平均为−3.90 MPa；无垫层试验段为−0.57～−5.93 MPa，平均为−3.35 MPa，较有垫层试验段平均约小 0.55 MPa。外衬混凝土应力增量：有垫层试验段无变化，无垫层试验段为 1.43～1.95 MPa，平均为 1.64 MPa。上述内衬与外衬混凝土应力增量均表明外衬参与分担内水压力。

（4）关于内、外衬联合受力特征。

无论是锚索张拉过程，还是充水过程，无垫层试验段外衬分别产生了压应力增量和拉应力增量，这是因为除内、外衬界面混凝土的黏结作用外，拉筋起到了力的传递作用，是实现内、外衬联合受力的重要结构措施。

2.4.4　三维有限元数学模型计算

1. 计算条件与模型

1）计算条件

跟踪地下模型试验条件，其计算成果供与模型试验成果对比和验证。

2）计算模型

单元总数 207 856 个，三维模型网格示意图见图 2.4.15。

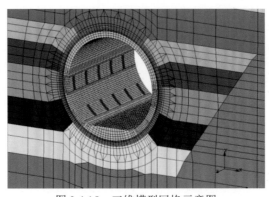

图 2.4.15　三维模型网格示意图

2. 计算成果

1）锚索张拉

内衬混凝土应力增量：有垫层试验段为−10.15～−4.61 MPa，平均为−7.47 MPa；无

垫层试验段为-8.69～-3.59 MPa，平均为-6.51 MPa，小于有垫层试验段 0.96 MPa。外衬混凝土应力增量：有垫层试验段无变化，无垫层试验段为-1～-2 MPa，表明外衬获得了部分预应力。

2）洞内设计水压充水

内衬混凝土应力增量：有垫层试验段为 3.71～4.39 MPa，平均为 3.94 MPa；无垫层试验段为 1.71～4.08 MPa，平均为 3.31 MPa，小于有垫层试验段 0.63 MPa，表明外衬参与分担内水压力，因而内衬拉应力增量减小。

3）界面接触状态

界面的平均开度：张拉前（由于内衬混凝土自身体积变形）为 0.25 mm，张拉后为 0.61 mm（增加了 0.36 mm），洞内充水达到设计水压时为 0.48 mm（减小了 0.13 mm）。

3. 结论

将计算结果与试验结果对比可知，计算应力、变形分布规律相同，数值相近，试验成果合理、可靠。

2.4.5　试验研究主要结论

1. 内、外衬单独受力复合衬砌结构特性

（1）对于锚索张拉工况和内水压力设计工况，内衬混凝土应力增量分别平均为-7.66 MPa 和-3.90 MPa，实现了全截面受压；外衬单独受力，无明显的应力增量，作为普通钢筋混凝土结构，内衬与外衬均具有较好的超载能力，满足安全运用要求。

（2）排水垫层若排水不畅，排水垫层内水头将迅速上升，对外衬安全有不利影响，必须加以防范。因此，对内衬混凝土和排水垫层施工质量应特别重视。

2. 内、外衬联合受力复合衬砌结构特性

锚索张拉工况和内水压力设计工况内衬混凝土应力增量分别平均为-6.76 MPa 和-3.35 MPa，实现了全截面受压；锚索张拉工况外衬混凝土应力增量为-1.39 MPa，内水压力设计工况外衬混凝土应力增量为 1.64 MPa，显示其与内衬联合受力的结构特性，而且作为普通钢筋混凝土结构，满足设计要求。内衬与外衬均具有较好的超载能力。

3. 结论

新型盾构隧洞预应力复合衬砌结构形式技术可靠，穿黄隧洞采用内、外衬单独受力或联合受力的结构形式，均能满足安全运用要求。

2.5 盾构隧洞结构纵向变形研究

2.5.1 沉降原因分析

1. 纵向沉降变形原因

第 1 点，施工技术。

盾构机掘进对下卧层的扰动，包括：开挖面失稳、盾尾压浆不及时、纠偏、超挖、盾构机对围土的摩擦与剪切作用等。

第 2 点，地质条件。

下卧土层的不均匀性使土层受到的扰动、回弹量、再固结的沉降量、沉降速率和总沉降时间也会有差别。

第 3 点，河床冲淤变化。

当盾构隧洞穿行于河床软土地层时，由于河床冲淤变化，隧洞上方纵向荷载发生变化。

第 4 点，地震。

盾构隧洞在地震工况时，隧洞上方纵向荷载也会发生变化。以穿黄隧洞为例，根据中国地震局分析预报中心的地震危险性分析结果，穿黄隧洞 50 年超越概率 10% 和 3% 的岩基上的设计地震动加速度代表值分别为 0.119 g 和 0.174 g。依据《水工建筑物抗震设计规范》（SL 203—97）[①]，凡专门进行地震危险性分析的工程，对非壅水建筑物应取 50 年超越概率 5% 的结果确定设计地震动加速度代表值，相应的设计地震动加速度代表值为 0.158 g。由于地震，砂土液化、岩土介质在地震波传播时的变形作用，均有可能加大隧洞纵向变形。

2. 沉降变形主要原因分析

上述第 1 点原因是越江或海底公路隧洞、城市地下铁道引起地面沉降的共同原因，主要与盾构机施工技术有关。不过自 20 世纪 90 年代以来，盾构开挖技术已日臻成熟，对地面沉降的影响已大为减小。通过应用自动导向系统和管片位置实时监测技术，超挖量可以不超过 5 cm；采用泥水加压盾构机，通过对泥浆压力、掘削量、溢水量和开挖面水压等信息进行反馈，可以有效地保持开挖面的稳定；对盾尾实施同步注浆，可有效地减轻对围土的扰动；目前在我国上海等沿海软土地区，地铁隧洞的施工已能有效地将地面沉降控制在 -30～10 mm（负值表示沉降，正值表示隆起）内。第 2 点原因与地质条件有关，穿黄隧洞穿越粉质黏土、中砂层和细砂层，层位分布稳定、厚度渐变，层面平缓，力学参数相近，隧洞施工过程增加的荷载有限，由土层性状不均匀引起的扰动差异很小。因此，对穿黄隧洞纵向变形主要基于第 3 点和第 4 点原因，进行分析计算。

---

① 工程设计时采用标准。

2.5.2　纵向荷载

1. 黄河水文条件

对河床冲淤影响进行研究，穿黄河段洪水水位流量关系采用小浪底水库运行 50 年后的预测成果，详见表 2.5.1。

表 2.5.1　穿黄工程黄河设计洪水和设计水位

洪水	频率	流量/（m³/s）	水位/m
设计洪水	0.33%	14 970	104.77
校核洪水	0.1%	17 530	104.97
施工洪水	5%	11 210	104.43
枯水	现状	100	100.02

注：表中设计（校核）洪水位与小浪底水库运行 50 年后相对应；未考虑下游桃花峪水库的滞洪作用。

2. 黄河河床冲淤变形

计算断面典型冲淤形态图分两类考虑。一类是根据河工模型试验成果，选取一次性洪水过程中最不利的冲淤断面；另一类是按主槽整体摆动最不利位置确定冲淤断面。

1）一次设计洪水主槽冲淤工况

根据河工模型试验成果，设计洪水（300 年一遇洪峰流量 14 970 m³/s）情况下，一次洪水过程的最大冲刷深度为 7.8 m，另外，水利部黄河水利委员会综合多种影响因素后，发出黄总办〔2001〕1 号文《关于报送南水北调中线穿黄工程有关问题的意见》，提出穿黄隧洞处河床冲刷后设计水位下的最大水深为 20 m。基于一次洪水过程最大冲刷深度为 7.8 m 和冲淤形态，按最大冲刷深度比值（20/7.8）加以放大，得到如图 2.5.1 所示的供计算用的冲淤形态图，相应供计算采用的冲淤荷载见图 2.5.2。

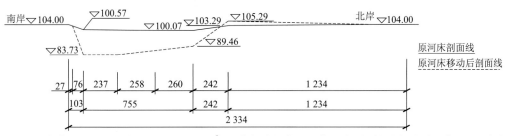

图 2.5.1　穿黄河段一次（流量 $Q = 14\,970$ m³/s）洪水过程冲淤形态示意图（按最大冲刷深度 20 m 放大）

（长度、高程单位：m）

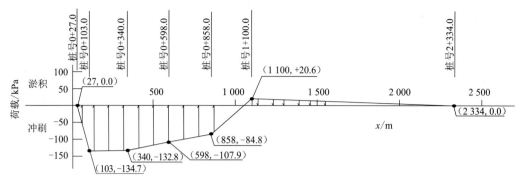

图 2.5.2 穿黄河段一次（$Q = 14\,970\ \text{m}^3/\text{s}$）洪水过程冲淤荷载计算简图（按最大冲刷深度 20 m 放大）

2）一次校核洪水主槽冲淤情况

根据河工模型试验成果，校核洪水（1 000 年一遇洪峰流量 17 530 m³/s）情况下，一次洪水过程的最大冲刷深度为 8.48 m。基于一次洪水过程最大冲刷深度和冲淤形态，按最大冲刷深度比值（20/8.48）加以放大，得到如图 2.5.3 所示的供计算用的冲淤形态图，相应供计算采用的冲淤荷载见图 2.5.4。

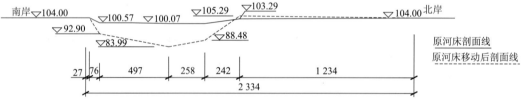

图 2.5.3 穿黄河段一次（$Q = 17\,530\ \text{m}^3/\text{s}$）洪水过程冲淤形态示意图（按最大冲刷深度 20 m 放大）（长度、高程单位：m）

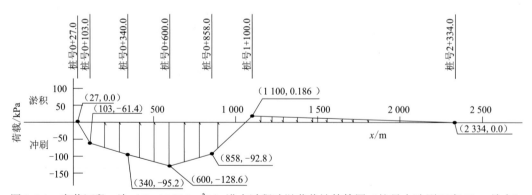

图 2.5.4 穿黄河段一次（$Q=17\,530\ \text{m}^3/\text{s}$）洪水过程冲淤荷载计算简图（按最大冲刷深度 20 m 放大）

3）河床主槽整体摆动冲淤情况

将 1982 放大型洪水（大水少沙型，洪峰流量 12 418 m³/s）一次洪水后的形态作为初始形态。摆动后的最终形态按初始形态加深 2 m 计，用来考虑小浪底水库清水冲刷影响，摆动的幅度按最不利的情况决定为 850 m；河床主槽前后摆动冲淤形态见附图 2.5.5，相应的冲淤荷载图见图 2.5.6。

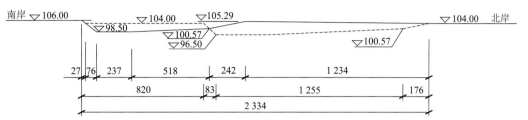

图 2.5.5　黄河穿黄断面河床主槽摆动冲淤形态示意图（长度、高程单位：m）

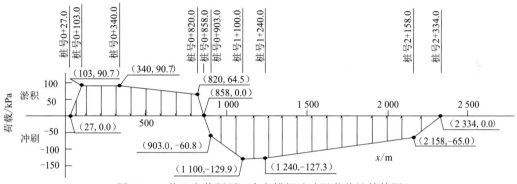

图 2.5.6　黄河穿黄断面河床主槽摆动冲淤荷载计算简图

3. 地震作用

按 50 年超越概率 5%的地震动标准，隧洞位置的峰值加速度为 0.115g，隧洞围土为砂壤土、中砂层和细砂层，波速约为 250 m/s，按地震波卓越频率 1.33 Hz 推算，波长 $\lambda_1=188$ m。本阶段采用地震系数法，假设作用在隧洞上方的竖向惯性力沿隧洞纵向按余弦变化，并折算为体密度加荷。计算中考虑了两种不利荷载情况，一种情况是计算地震惯性荷载用的体密度按 $\rho = \rho_m \cos\left(\dfrac{2\pi x}{\lambda_1}\right)$ 变化，另一种情况是按 $\rho = \rho_m \cos\left(\dfrac{2\pi x}{\lambda_1}\right)$ 变化，两式中的 x 为惯性荷载作用点与竖井侧的距离，ρ_m 为按隧洞结构自重和水重并考虑地震加速度后计算的地震惯性荷载极值。两种地震动的相位差为 π。由此可以得到沿隧洞纵向分布的地震荷载图形，图 2.5.7 为第一种地震惯性荷载图，图 2.5.8 为第二种地震惯性荷载图，两者分布荷载大小相等，方向相反。

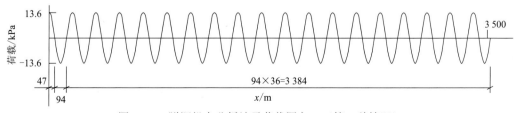

图 2.5.7　隧洞纵向分析地震荷载图之一（第一种情况）

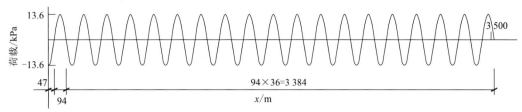

图 2.5.8　隧洞纵向分析地震荷载图之二（第二种情况）

考虑到衬砌各种接缝的初始形态是在结构重量加载后形成的，故地震作用下隧洞纵向变形计算按如下两种工况进行。

（1）水体单独作用。

（2）水体与地震共同作用。

2.5.3　隧洞纵向变形计算方法

1. 计算模型

对于纵向变形，以内衬与外衬联合受力方案较不利，计算模型按此方案布置，并自南岸向北延伸 2 400 m，顺次通过粉质黏土、中砂层和细砂层；各岩土层物理力学参数基于工程地质报告和大量土工试验成果取值。按此建立的三维计算模型的结点总数为 242 500，单元数为 204 960，自由度数为 727 500，计算图形参见图 2.5.9 和图 2.5.10。

2. 材料力学参数

计算采用的材料力学参数详见表 2.5.2。

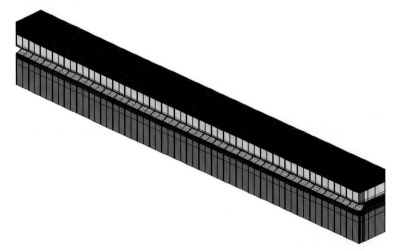

图 2.5.9　局部模型网格纵向分布图

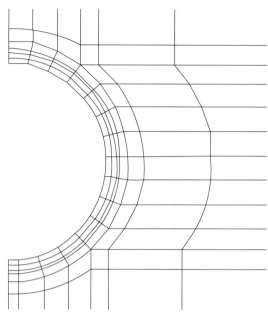

图 2.5.10 横剖面上衬砌及其周围部分土体的网格图

表 2.5.2 材料的力学参数

材料分区	材料类型	弹性模量/MPa	泊松比
内衬	C40	32 500	0.167
外衬	C50	34 500	0.167
Q_4^2 土层	中砂	21.45	0.45
Q_4^1 土层	粉砂	37.38	0.387
Q_2 土层	砂壤土	16.50	0.333
N 土层	黏性土	20.00	0.300
跨缝螺栓	—	210 000	—
垫层	—	80	0.400
进口段竖井边墙	—	34 500	0.167

注：土层弹性模量为压缩模量；在冲刷荷载图中的回弹荷载段，采用卸荷模量，其值取压缩模量的 2 倍。

2.5.4 隧洞纵向变形计算成果

1. 河床冲淤变形

采用大容量计算机，对上述三维模型，按冲淤形态相应的荷载进行计算，计算分三种情况进行，情况 1 为设计洪水过程（按最大冲刷深度 20 m 放大），情况 2 为校核洪水过程（按最大冲刷深度 20 m 放大），情况 3 为主槽整体摆动，计算成果详见表 2.5.3。

结果表明，主槽整体摆动工况为控制性工况，纵向变形最剧烈的部位位于冲淤过渡段上，隧洞衬砌接缝的最大开度和垂直错动量分别为 2.67 mm、2.16 mm，隧洞衬砌满足结构变形和衬砌防渗要求。

表 2.5.3　冲淤荷载作用下隧洞纵向结构计算成果

工况	最大沉降量/mm	最大回弹量/mm	变形缝最大开度/mm	变形缝最大垂直错动量/mm	最大纵向拉应力/MPa	最大纵向压应力/MPa	跨缝螺栓最大拉应力/MPa
情况 1	29.6	71.9	1.79（1 108）	0.86（1 060）	0.25（1 113）	1.97（998）	186（1 108）
情况 2	32.5	79.0	1.76（1 108）	0.80（1 070）	0.41（1 113）	3.13（945）	183（1 108）
情况 3	150.1	75.9	2.67（801）	2.16（849）	0.55（114）	4.00（868）	280（801）

注：括号内的数值表示出现位置（与进口段的距离），单位为 m。

2. 地震作用下隧洞纵向变形

（1）当内水自重单独作用时，相应接缝的最大开度和垂直错动量分别为 0.13 mm 和 0.49 mm。

（2）当内水自重与第一种地震荷载共同作用时，隧洞衬砌接缝的最大开度和垂直错动量分别为 0.39 mm 和 0.60 mm；当内水自重与第二种地震荷载共同作用时，隧洞衬砌接缝的最大开度和垂直错动量分别为 0.42 mm 和 0.52 mm；与河床冲淤作用所引起的最大变形值相比，分别约为其 1/6 和 1/4，详见表 2.5.4。

表 2.5.4　地震荷载作用下计算成果表

工况	最大沉降量/mm	变形缝最大开度/mm	变形缝最大垂直错动量/mm	最大纵向拉应力/MPa	最大纵向压应力/MPa	跨缝螺栓最大拉应力/MPa
内水自重	25.4	0.13（273）	0.49（第 1 条缝）	＜0.24	＜0.24	13（273）
内水自重加第一种地震荷载	30.1	0.39（234）	0.60（第 1 条缝）	＜0.08	＜0.30	41（234）
内水自重加第二种地震荷载	29.0	0.42（282）	0.52（第 1 条缝）	＜0.07	＜0.29	43（753）

注：跨缝螺栓最大拉应力括号中的数值表示出现位置（与进口段的距离），单位为 m。

（3）考虑内水自重、地震荷载及主槽整体摆动三者遭遇的极端情况，衬砌接缝产生的最大开度和垂直错动量分别为 3.09 mm 和 2.76 mm；由于错动量小于 15 mm，衬砌接缝产生的最大开度 3.09 mm 小于接缝允许的张开变形值 6 mm，满足接缝变形和防渗要求。

3. 结论

新型盾构隧洞结构内衬按分段设缝布置，即使内衬与外衬按联合受力设计，也能很好地适应纵向沉降变形，满足变形和防渗要求。

2.6 盾构隧洞结构抗震研究

2.6.1 地震动设计标准

中国地震局分析预报中心在《南水北调中线穿黄工程地震危险性分析报告》和《南水北调中线工程穿黄场地设计地震动力参数确定》中，就穿黄隧洞地震动设计标准认为：工程场址区的地震危险性主要来自近场。不同超越概率水平的场地烈度值和基岩水平加速度峰值详见表 2.6.1。

表 2.6.1 不同超越概率水平的场地烈度值和基岩水平加速度峰值

地震动参数	超越概率				
	50 年				100 年
	63%	10%	5%	3%	2%
场地烈度	5.4	6.9	—	7.5	7.8
加速度峰值/g	0.048	0.119	0.158	0.174	0.233

注：表中 50 年超越概率 5%对应的地震动参数是推算值；g 为重力加速度。

根据《水工建筑物抗震设计规范》（SL 203—97）[①]的规定，凡专门进行地震危险性分析的工程，非壅水建筑物应按 50 年超越概率 5%标准确定设计地震动加速度代表值，因此穿黄工程设计地震动基岩水平加速度峰值确定为 0.158 g。

2.6.2 隧洞围土地层动力特性

穿黄隧洞围土主要是冲积土层，在地震动荷载作用下，表现出较强的非线性特性，对地震响应影响显著。为使地震动力分析计算符合实际，1994 年长江科学院对土层动力特性进行了现场测试，并将试验结果一并纳入《南水北调中线穿黄工程土工试验报告》中。现将深泓区和北岸漫滩土层动力参数分述如下。

1. *深泓区土层动力参数*

深泓区土层动力试验取样位置为 ZCT3 孔，自表面向下钻取 50 m，共取 17 层土样，表 2.6.2 为深泓区 ZCT3 孔典型计算地层参数表，图 2.6.1 为 ZCT3 孔动力参数分布图。实测了不同深度各层的土样非线性动力特性曲线，图 2.6.2 为其中 1.85 m 深度土样的非线性动力特性曲线。

---

① 工程设计时采用的标准。

表 2.6.2　深泓区典型计算地层参数表（ZCT3 孔）

层号	土层类型	层厚/m	密度/（kg/m³）	剪切波速/（m/s）	剪切模量/kPa
1	亚黏土	1.8	1 740.0	103.0	18 460.0
2	细砂	1.4	1 740.0	108.0	20 295.0
3	中砂	1.8	1 740.0	150.0	39 150.0
4	细砂	3.3	1 740.0	150.0	39 150.0
5	中砂	3.7	1 930.0	205.0	81 108.0
6	中砂	4.0	1 950.0	250.0	121 875.0
7	中砂	3.0	1 950.0	250.0	121 832.0
8	中砂	4.0	1 950.0	245.0	117 048.0
9	中砂	3.6	1 950.0	245.0	117 048.0
10	粗砂	3.3	2 020.0	350.0	247 450.0
11	亚黏土	3.1	2 090.0	300.0	188 100.0
12	亚黏土	3.0	2 090.0	300.0	188 100.0
13	亚黏土	3.0	2 090.0	300.0	188 100.0
14	亚黏土	4.0	2 090.0	300.0	188 100.0
15	黏土岩	4.0	2 090.0	420.0	368 676.0
16	黏土岩	3.0	2 090.0	420.0	368 676.0
17	黏土岩	—	2 090.0	420.0	368 676.0

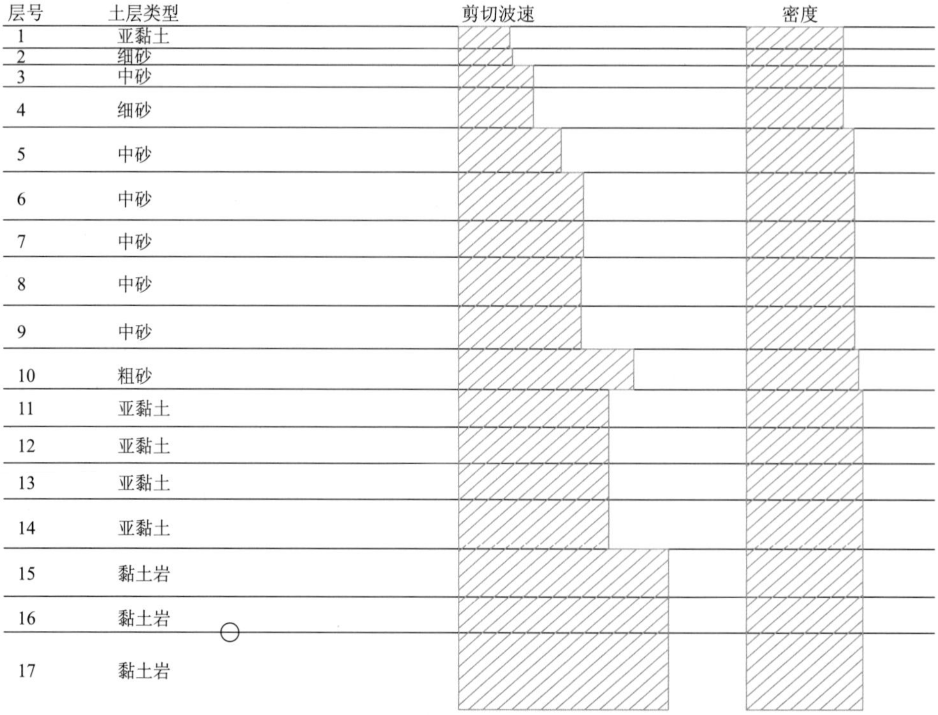

图 2.6.1　ZCT3 孔动力参数分布图

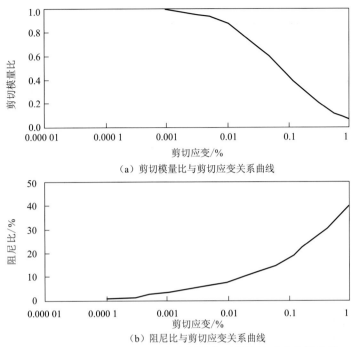

（a）剪切模量比与剪切应变关系曲线

（b）阻尼比与剪切应变关系曲线

图 2.6.2 ZCT3 孔 1.85 m 深度土样的土层非线性动力特性曲线

2. 北岸漫滩土层动力参数

北岸漫滩土层动力试验取样位置为 DZK3 孔，自表面向下钻取 50 m，共取 15 层土样，表 2.6.3 为北漫滩 DZK3 孔典型计算地层参数表，图 2.6.3 为 DZK3 孔动力参数分布图。实测了不同深度各层的土样非线性动力特性曲线，图 2.6.4 为其中 3.0 m 深度土样的非线性动力特性曲线。

表 2.6.3 北岸漫滩典型计算地层参数表（DZK3 孔）

层号	土层类型	层厚/m	密度/（kg/m³）	剪切波速/（m/s）	剪切模量/kPa
1	粉砂	4.0	1 780.0	90.0	14 418.0
2	细砂	4.0	1 780.0	120.0	25 632.0
3	细砂	4.0	1 780.0	215.0	82 280.5
4	细砂	4.0	1 780.0	215.0	82 280.5
5	中砂	4.0	1 950.0	250.0	121 875.0
6	中砂	4.0	1 950.0	250.0	121 875.0
7	中砂	3.0	1 950.0	250.0	121 875.0
8	中砂	4.0	1 950.0	340.0	225 420.0

层号	土层类型	层厚/m	密度/(kg/m³)	剪切波速/(m/s)	剪切模量/kPa
9	中砂	4.0	1 950.0	340.0	225 420.0
10	中砂	2.6	2 020.0	340.0	233 512.0
11	中砂	3.0	2 020.0	340.0	233 512.0
12	中砂	3.0	2 020.0	340.0	233 512.0
13	中砂	4.0	2 020.0	340.0	233 512.0
14	黏土	2.4	2 090.0	380.0	301 796.0
15	黏土	—	2 090.0	380.0	301 796.0

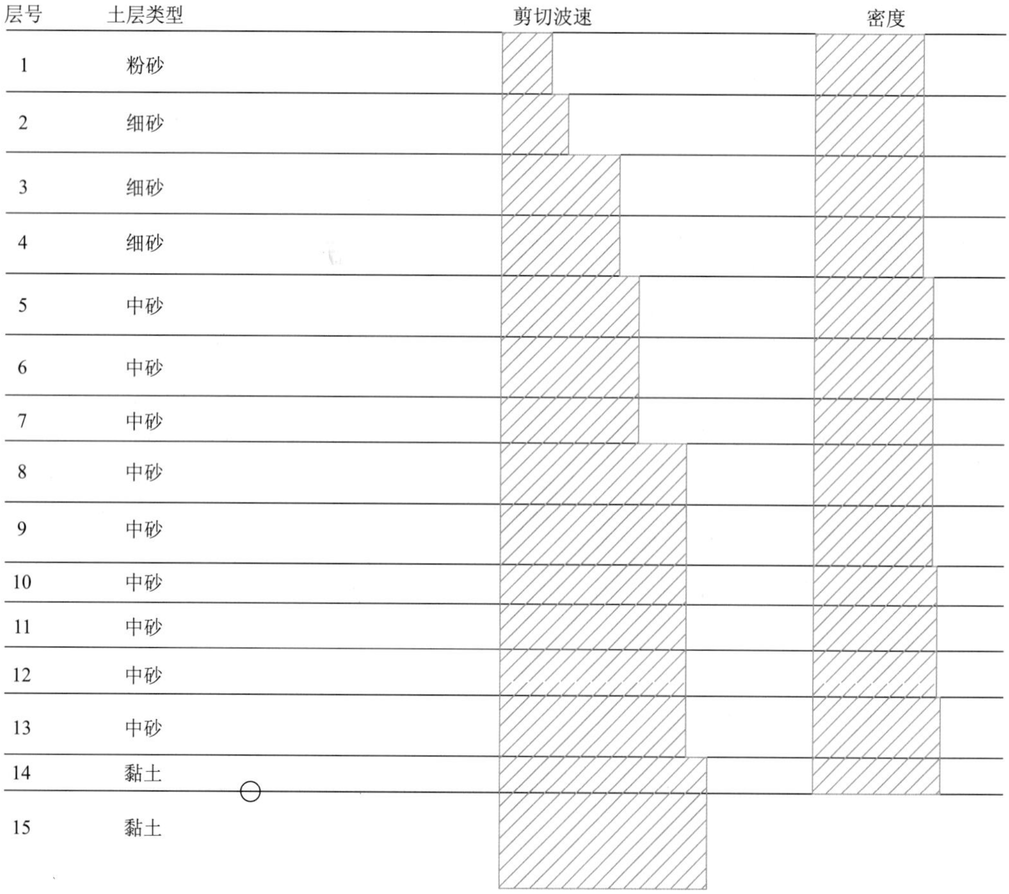

层号	土层类型	剪切波速	密度
1	粉砂		
2	细砂		
3	细砂		
4	细砂		
5	中砂		
6	中砂		
7	中砂		
8	中砂		
9	中砂		
10	中砂		
11	中砂		
12	中砂		
13	中砂		
14	黏土		
15	黏土		

图 2.6.3　DZK3 孔动力参数分布图

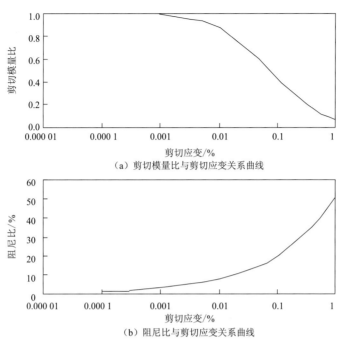

（a）剪切模量比与剪切应变关系曲线

（b）阻尼比与剪切应变关系曲线

图 2.6.4　DZK3 孔 3.0 m 深度土样的土层非线性动力特性曲线

2.6.3　中国水利水电科学研究院抗震研究成果[11]

2002 年受长江勘测规划设计研究院委托，中国水利水电科学研究院对穿黄工程进行了抗震研究，2002 年 4 月提出了《南水北调中线穿黄渡槽和隧道结构静动力分析研究与抗震安全评估报告》（以下简称《抗震安全评估报告》），报告内容包括设计地震动、土层非线性地震动力响应分析、隧洞地震动力响应分析和抗震性能综合评价等，现将研究成果简述如下。

1. 设计地震动加速度反应谱

穿黄工程为南水北调中线的关键性工程，按规范《水工建筑物抗震设计规范》（SL 203—97）要求，中国水利水电科学研究院将穿黄隧洞视为非壅水建筑物，采用 50 年超越概率 5%的水平地震动标准进行设防，相应的基岩面加速度代表值为 0.158 g，按照场地谱，软土地表设计地震动加速度代表值为 0.263 g，并确定了如下 50 年超越概率 5%对应的设计加速度反应谱。

$$\text{地表面：} \alpha(T) = \begin{cases} 0.263, & 0 < T \leqslant 0.04 \\ 0.263(0.04/T)^{-0.96}, & 0.04 < T \leqslant 0.10 \\ 0.634, & 0.10 < T \leqslant T_{g1} \\ 0.634(T_{g1}/T)^{1.43}, & T_{g1} < T \leqslant 5.0 \end{cases}$$

式中：T_{g1} 为场地特征周期，取 0.65 s。

$$地下 50\ m：\quad \alpha(T)=\begin{cases}0.087, & 0<T\leqslant 0.04\\0.087(0.04/T)^{-0.96}, & 0.04<T\leqslant 0.10\\0.215, & 0.10<T\leqslant T_{g1}\\0.215(T_{g1}/T)^{1.43}, & T_{g1}<T\leqslant 5.0\end{cases}$$

式中：$\alpha(T)$ 为设计加速度反应谱；T_{g1} 为场地特征周期，取 1.0 s；T 为结构自振周期。

2. 土层非线性地震动响应分析

土层地震响应分析的目的有三个。一是通过分析确定在设计地震作用下，地表土层的剪切模量、阻尼比及响应最大值分布。二是确定场地中给定位置的入射地震波，即地震反演分析。隧洞结构与土的动力相互作用会使地中的地震响应发生变化，因而只能设定入射地震波为已知条件。三是确定地震位移响应最大值沿深度的分布，以供分析隧洞进出口段地震作用时使用。

根据深泓区 ZCT3 孔和北岸漫滩 DZK3 孔的非线性动力特性，分别进行了一维动力非线性分析，得到深泓区和北岸漫滩各土层的收敛等价剪切模量和阻尼比，详见表 2.6.4 和表 2.6.5，表中 G 为最收敛等价剪切模量，G_0 为剪切模量。

表 2.6.4　深泓区地层一维动力非线性分析结果（ZCT3 孔）

土层类型	层号	层厚/m	层底深度/m	剪切模量/kPa	G/G_0	阻尼比
亚黏土	1	1.8	1.8	16 118.1	0.873	0.081
细砂	2	1.4	3.2	13 419.0	0.661	0.126
中砂	3	1.8	5.0	31 392.6	0.802	0.110
细砂	4	3.3	8.3	30 359.7	0.775	0.108
中砂	5	3.7	12.0	62 277.8	0.768	0.114
	6	4.0	16.0	95 994.5	0.788	0.109
	7	3.0	19.0	91 252.0	0.749	0.119
	8	4.0	23.0	65 946.5	0.563	0.130
	9	3.6	26.6	62 360.0	0.533	0.136
粗砂	10	3.3	29.9	219 630.3	0.888	0.086
亚黏土	11	3.1	33.0	147 571.3	0.785	0.122
	12	3.0	36.0	146 789.0	0.780	0.124
	13	3.0	39.0	146 448.3	0.779	0.124
	14	4.0	43.0	146 344.0	0.778	0.124
黏土岩	15	4.0	47.0	351 613.1	0.954	0.070
	16	3.0	50.0	351 588.4	0.954	0.070
	17	—	—	368 676.0	1.000	0.020

表 2.6.5　北岸漫滩地层一维动力非线性分析结果（DZK3 孔）

土层类型	层号	层厚/m	层底深度/m	剪切模量/kPa	G/G_0	阻尼比
粉砂	1	4.0	4.0	8 108.4	0.562	0.148
细砂	2	4.0	8.0	14 275.2	0.557	0.197
	3	4.0	12.0	53 232.2	0.647	0.124
	4	4.0	16.0	48 438.3	0.589	0.136
中砂	5	4.0	20.0	89 893.6	0.738	0.116
	6	4.0	24.0	87 199.7	0.715	0.121
	7	3.0	27.0	85 673.2	0.703	0.125
	8	4.0	31.0	177 994.6	0.790	0.063
	9	4.0	35.0	175 261.9	0.777	0.066
	10	2.6	37.6	181 685.7	0.778	0.066
	11	3.0	40.6	180 888.9	0.775	0.067
	12	3.0	43.6	180 354.5	0.772	0.067
	13	4.0	47.6	179 872.8	0.770	0.068
黏土	14	2.4	50.0	248 233.8	0.823	0.054
	15	—	—	301 796.0	1.000	0.020

　　图 2.6.5 是由地表土层响应分析得到的地下 50 m 处入射地震波加速度时程曲线。图 2.6.6 是由加速度积分得到的入射地震波位移时程曲线，作为直线段分析的输入波。

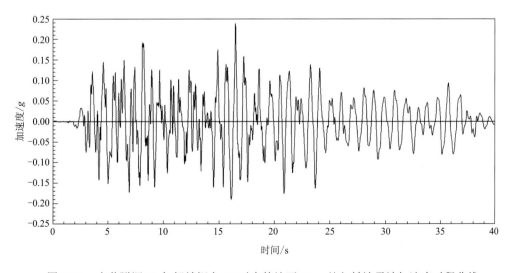

图 2.6.5　穿黄隧洞 50 年超越概率 5%对应的地下 50 m 处入射地震波加速度时程曲线

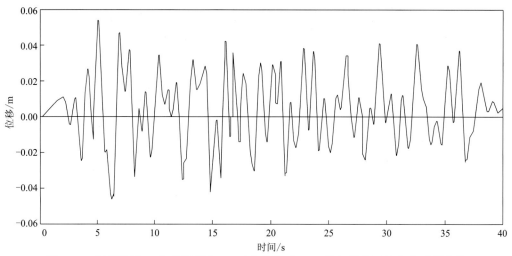

图 2.6.6　穿黄隧洞 50 年超越概率 5%对应的地下 50 m 处入射地震波位移时程曲线

3. 地震作用下隧洞结构横向计算与分析

由于隧洞较长，隧洞横向地震响应分析按平面应变问题考虑，分别取北岸漫滩和深弘区两个典型剖面进行分析。其中，有限域用 8 结点等参单元进行离散。北岸漫滩断面的分析网格图，共 280 个单元，917 个结点，与无限域相邻边界共有 77 个结点；深泓区断面的分析网格图共有 318 个单元，1 035 个结点，与无限域相邻边界共有 85 个结点。其中，直线段北岸漫滩和深泓区横断面分析网格分别见图 2.6.7 和图 2.6.8。围土材料的剪切刚度和阻尼比采用土层动力响应的分析结果，埋深小于 50 m 时，泊松比取 0.4，埋深大于 50 m 时，泊松比取 0.38；隧洞衬砌由外层拼装管片和内层钢筋混凝土构成。外层衬砌的刚度考虑拼装管片的影响做了折减，内层衬砌的刚度按 C40 混凝土弹性模量为 3.25×10^{4} MPa 进行计算，泊松比为 0.167，密度为 2 500 kg/m³，阻尼比为 5%。隧洞内按满水考虑，因隧洞两端开放，水体的弹性影响忽略不计，水体质量附加于隧洞内表面结点上，计入水体惯性影响。

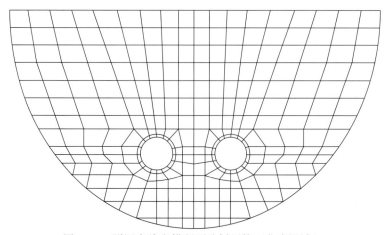

图 2.6.7　隧洞直线段横断面分析网格（北岸漫滩）

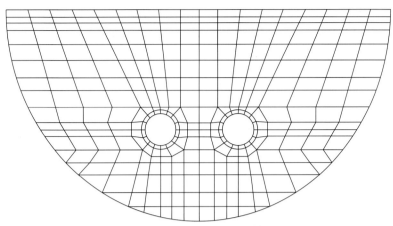

图 2.6.8　隧洞直线段横断面分析网格（深泓区）

计算表明，北岸漫滩位置的地表最大位移和隧洞的最大变形发生在 6.48 s、6.87 s；深泓区则发生在 6.46 s、7.90 s。北岸漫滩隧洞变形形状与一个受静力作用的纯剪切场基本相似，但是受周围岩土介质刚度与变形的影响，深泓区位置隧洞轴向以埋藏较浅部分的变形较大。隧洞外缘的最大径向应力发生在与水平轴成 45° 的方向，而最大剪应力发生在水平轴与竖直轴上。深泓区的地震响应量比北岸漫滩大，轴力相差较小，约为 3%，弯矩和剪力相差约 60%，内缘环向应力相差约 50%。

尽管在计算模型中未对外衬拼装结构进行详细模拟，但在抗震计算中曾对隧洞刚度进行敏感性分析，隧洞刚度越低，最大地震响应的弯矩及剪力越小，但变化率小于刚度的变化率。随着弯矩的减小，隧洞内外表面的最大应力也减小。因此，隧洞外层衬砌采用拼装式管片，对隧洞应力条件是有利的；此外，较为保守估计，管片间连接螺栓的地震应力在 2.0~7.0 MPa。

《抗震安全评估报告》结语指出："隧洞抗震计算中计入 0.35 地震效应折减系数，隧洞内、外缘最大环向应力分别为 1.12 MPa 和 0.31 MPa。结合长江勘测规划设计研究院的静力分析结果，在 50 年超越概率 5%设计地震动作用下能满足抗震要求。"

4. 地震作用下隧洞结构纵向计算与分析

1）隧洞直管段沿轴向分析

基于对地震波传播方式的分析，对于水平成层的土层，认为只有表面波会引起隧洞轴线的轴向变形和弯曲变形。假定表面波的频率与土层固有频率相同，为 1.33 Hz，传播波速按较低的深泓区收敛剪切波速 180 m/s 计，视隧洞为弹性地基梁，地震波按无频散行进平面波，考虑如下三种传播方式：

（1）勒夫波沿隧洞轴线传播；

（2）勒夫波沿与隧洞轴线呈 45° 的方向传播；

（3）瑞利波沿隧洞轴线传播。

表 2.6.6 给出了表面波沿轴线方向作用时，可能发生的最大应变估算值。水平地震加速度峰值取深泓区土层响应分析结果中隧洞轴线深度位置的加速度峰值，竖向地震加速度峰值按水平向的三分之二考虑，两向无相互作用。

表 2.6.6　直线段沿隧洞轴线的地震作用

计算项目	弯曲	拉压
隧洞刚度	$EI=2.89\times10^6$ MPa	$EI=3.65\times10^5$ MPa
抗力系数	$K_V=745.4$ MPa	$K_S=K_V/3=248.5$ MPa
勒夫波	$a_g=0.085\,g=0.083\,4$ m/s^2 $\varepsilon_b=1.19\times10^{-5}$（无相互作用） $\varepsilon_b=1.17\times10^{-5}$（有相互作用）	$V_g=a_g/(2.66\pi)=0.01$ m/s $\varepsilon_a=2.78\times10^{-5}$（无相互作用） $\varepsilon_a=1.075\times10^{-5}$（有相互作用）
瑞利波	$a_g^v=0.085g\times2/3=0.056\,2$ m/s^2 $\varepsilon_b=0.793\times10^{-5}$（无相互作用） $\varepsilon_b=0.780\times10^{-5}$（有相互作用）	$V_g^H=a_g/(2.66\pi)=0.01$ m/s $\varepsilon_a=5.55\times10^{-5}$（无相互作用） $\varepsilon_a=1.33\times10^{-5}$（有相互作用）

注：a_g 为水平地震加速度峰值；a_g^v 为竖向地震加速度峰值；K_v 为垂直隧洞轴线作用的抗力系数；K_s 为平行隧洞轴线作用的抗力系数，V_g 为波动速度最大值；V_g^H 为水平向波动速度最大值；ε_b 为最大弯曲应变；ε_a 为最大轴向拉压应变。

对计算结果检查发现，土层与隧洞未发生相对滑动，按表 2.6.6 中应变量可算出弯曲应力和拉压应力分别为 0.38 MPa、0.432 MPa，显然拉压应变（应力）较弯曲应变（应力）大。

2）隧洞进口段沿轴向分析

隧洞进口段范围指的是隧洞进口施工竖井及与其相连的一定长度的隧洞段。隧洞按梁简化，土与结构的动力相互作用用分布弹簧模拟，三个平动方向的弹簧系数按土层响应分析的收敛剪切刚度确定。图 2.6.9 为进出口部位分析简图。分析计算表明，竖井地表位置与隧洞位置的水平向变位差为 1.44 mm，竖井的竖向位移差约为 0.5 mm。

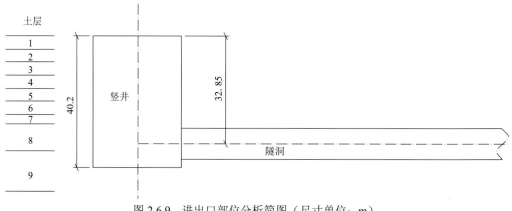

图 2.6.9　进出口部位分析简图（尺寸单位：m）

5. 抗震安全评估

根据以上直线段隧洞横断面、隧洞轴线方向及隧洞进出口段地震响应分析结果，可进行如下抗震安全评估。

（1）垂直入射剪切地震波情况下，隧洞横断面的地震应力最大。地震应力受场地土层地震、隧洞与围土间的动力相互作用等因素影响，而隧洞与围土间的动力相互作用受隧洞结构和土体的刚度比及隧洞外周边与土的摩擦抗力影响较大。在给定设计地震水平下，计入 0.35 地震效应折减系数，隧洞内缘环向应力约为 1.12 MPa，外缘环向应力约为 0.31 MPa。上述计算结果是在假定隧洞与围土间无滑动的情况下得到的，但对计算结果检查发现，部分范围已相对滑动，故隧洞实际地震响应值较计算值小。

（2）由于隧洞地震响应主要是土体对结构的强迫变形，可以假定隧洞环向紧固螺栓与隧洞衬砌变形协调。依此假定，按隧洞地震应变量推算出螺栓的地震应力在 2.0～7.0 MPa。

（3）沿隧洞轴线方向的地震作用主要来自表面波，在假定土层为均匀水平成层条件下，根据波动理论，按拟静力解析方法进行估算，在给定设计地震下，所产生的弯曲和轴向应力在 0.4 MPa 以下。在轴向地震作用条件下，隧洞与围土间连续，无滑动。

（4）进出口竖井与隧洞连接部位，依据实际土层的地震响应进行评估，竖向变形量仅为 0.5 mm，不会对结构安全构成威胁。

（5）结合长江勘测规划设计研究院的静力分析结果，给定地震动作用下，隧洞结构在内力和变形上均可满足抗震要求。

2.6.4　长江科学院新型盾构隧洞结构抗震研究成果[12]

1. 设计地震动

采用与中国水利水电科学研究院相同的地震动标准，即对中国地震局地震分析预报中心提供的超越概率 10% 和 3% 两种加速度反应谱进行线性插值，确定超越概率 5% 的加速度反应谱。

地下 50 m：

$$\alpha(T) = \begin{cases} 0.087, & 0 < T \leqslant 0.04 \\ 0.087 / (0.04 / T)^{-0.96}, & 0.04 < T \leqslant 0.10 \\ 0.215, & 0.10 < T \leqslant T_{g1} \\ 0.215(T_{g1})^{1.10}, & T_{g1} < T \leqslant 5.0 \end{cases}$$

式中：$\alpha(T)$ 为设计加速度反应谱；T_{g1} 为场地特征周期，取 1.0 s；T 为结构自振周期。

上述地下 50 m 处的设计加速度反应谱生成的人工地震波，时间间隔为 0.01 s，持续时 40 s，主震时间约 30 s，峰值加速度 0.091 7 g。该人工地震波加速度时程曲线详见图 2.6.10。

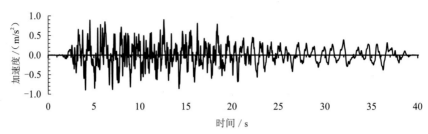

图 2.6.10　地下 50 m 处设计加速度反应谱生成的人工地震波加速度时程曲线

2. 地震作用下隧洞横向计算方法

1）隧洞结构形式

按当时的穿黄隧洞结构布置方案，穿黄隧洞双线布置，中心间距 32 m，单根隧洞内径 7 m，最小埋深 26 m，为双层衬砌结构；外衬由 8 片钢筋混凝土预制管片拼装而成，管片环向由 4 根 M30 螺栓连接，混凝土强度等级为 C50；内衬为现浇预应力结构，混凝土等级为 C40；内衬和外衬厚度均为 45 cm，内、外衬之间设一软夹层，变形模量为 20～60 MPa。

2）计算模型

（1）砂土动力本构模型。

动力分析中采用哈定-德涅维契（Hardin-Drnevich）模型模拟土体在振动过程中的非线性性质。采用等效剪切模量 G 和等效阻尼比与土体动应变的关系来反映非线性、滞后性的基本特性。

（2）衬砌与围土相互作用模型。

隧洞衬砌与砂土之间的剪切劲度与相对位移采用双曲线关系模拟。钢筋混凝土对于接触面的法向劲度为 K_n，当接触面受压时取较大值，为 108 kPa/m，当接触面受拉时，取较小值，为 103 kPa/m。

阻尼比：

$$\lambda_2 = \lambda_{\max}(1 - K_s / K_{\max})$$

式中：$\lambda_{\max}$ 为最大阻尼比；K_s、$K_{\max}$ 分别为动力切向劲度模量和初始切向劲度模量。

（3）内、外衬夹层动力本构模型。

内、外衬间夹层的计算仅考虑法向应力作用，而未考虑切向应力作用，相应的阻尼符合瑞利假定。

3）材料本构关系

螺栓应力、应变按线性变化，混凝土应力、应变按非线性模拟。

4）计算参数

计算中所需的土层动力性质参数以钻孔 DZK3 和 ZCT3 的土样试验资料为依据，并参考哈定和勃兰克[13]提出的经验公式确定。

5）网格的剖分

计算域内共离散成 1 318 个单元，2 852 个结点，其中砂土离散成 938 个单元，接触面离散为 58 个单元，混凝土内、外衬均离散为 116 个单元，内外衬间软夹层离散为 58 个单元，螺栓连接单元为 32 个。

3. 主要抗震计算成果

1）内、外衬最大动应力

计算表明，外衬环向最大动压应力为-2.492 MPa，按 0.35 折减后其环向最大动压应力为-0.872 MPa，分布在管片底部外侧；外衬环向最大动拉应力为 0.056 MPa，折减后为 0.020 MPa。内衬环向最大动压应力为-1.042 MPa，折减后为-0.365 MPa；内衬环向最大动拉应力为 0.735 MPa，折减后为 0.257 MPa。显然，外衬环向的动压应力（绝对值）大于内衬环向的动压应力。

2）软夹层动力响应

软夹层的相对位移非常小，软夹层单元的动应力更小，为 0.000 5～0.002 MPa。

4. 抗震安全评估

（1）动应力水平较低，环向最大动压应力为-2.492 MPa，折减后为-0.872 MPa，此外，环向最大动拉应力也很小，径向最大动应力同样远小于环向最大动应力；外衬主要承受环向动压应力。

（2）隧洞内衬与外衬之间设置一层变形模量很低的软垫层，将使内衬与外衬的受力机理发生变化。在水平地震波作用下，外衬动应力与内衬动应力相差悬殊。这是因为外衬受周围土体振动变形的直接作用，使其产生动力变形和应力，内衬则因有夹层相隔，未受外衬的明显作用，其变形和应力主要由隧洞中的动水压力和内衬的惯性力引起，这对内衬是十分有利的。

（3）水工隧洞与交通隧道的差别在于洞内有水体作用，穿黄隧洞动力计算表明，内衬由动水压力和内衬惯性力作用而产生的动应力与动应变较小，表明水工隧洞与交通隧道的地震响应并无明显不同。

（4）在给定地震动作用下，新型盾构隧洞结构无论是有垫层的方案 3 还是无垫层的方案 4，在内力和变形上均可满足抗震要求。

2.6.5 "十一五"国家科技支撑计划新型盾构隧洞结构抗震研究成果

在"十一五"国家科技支撑计划中,"复杂地质条件下穿黄隧洞工程关键技术研究"课题牵头单位为长江勘测规划设计研究院,其中的子课题 4 为"穿黄隧洞抗震技术研究",由中国水利水电科学研究院完成。

此项研究工作针对穿黄隧洞段,开展了地基土层的代表性土料动力特性试验研究;根据土料动力特性试验结果,进行了地基三维非线性有效应力地震反应分析,计算了地基在地震作用下的动力反应;对地基在地震作用下的液化可能性进行了评价;采用多种模式计算了地基的地震残余变形;完成了在设计概率水平的地震作用下代表性隧洞横断面、北岸竖井段和南岸邙山段的抗震安全性分析。主要分析结果如下。

(1)在设计地震作用下,地基中最大动剪应力为 113.6 kPa,未发现隧洞与地基的脱开及滑移现象。

(2)根据考虑孔压扩散和消散的有效应力动力分析结果,地基中的最大振动孔压为 158.7 kPa;地基最大的可能液化深度为 15.4 m。

(3)在计算地基的地震残余变形时采用了三种方法,三种方法得到的地基地震残余变形的分布规律基本一致,只是量值上有一定差异:基于应变势概念的中国水利水电科学研究院残余变形计算方法算得的残余变形最大,基于中国水利水电科学研究院真非线性模型的残余变形计算方法算得的残余变形次之,基于初应变思想的沈珠江残余变形计算方法算得的残余变形最小。从安全角度出发,以最大的结果进行整理和分析。

(4)隧洞 9.6 m 管段间最大竖向残余变形差为 0.093 cm;最大水平纵向残余变形差为 0.023 cm;最大水平横向残余变形差为 0.003 cm。

(5)在可能的最不利地质条件下,隧洞 9.6 m 管段间最大竖向残余变形差为 0.210 cm;最大水平纵向残余变形差为 0.041 cm;最大水平横向残余变形差为 0.008 cm。

(6)在设计水平地震作用下,隧洞横断面内外管片接缝的张开量仅为 0.04 mm,缝间连接螺栓的地震应力小于 8 MPa,因此,超出接缝设计允许张开量的可能性很小。外管片上的最大压应力约为 16 MPa,未超出外管片材料 C50 混凝土的设计抗压强度。

(7)因隧洞外衬拼装管片整体处于受压状态,接缝处于良好的接触状态,且接缝面上的弯矩较小。设计水平地震动引起的隧洞横断面管片接缝的张开量不大,故在针对隧洞轴向变形进行分析时,隧洞横断面可以采用整体刚度。

(8)南岸邙山段受地形影响,隧洞结构位置的地震运动复杂,计算结果沿隧洞轴向接缝的最大张开量为 0.65 mm。隧洞底部张开量大于顶部张开量。同一计算模型中,地震波散射影响较大区域和较小区域的张开量相差约 1 倍。不考虑榫槽约束作用的计算结果,沿隧洞轴向接缝的最大张开量为 0.53 mm,最大错动量为 2.85 mm,隧洞底部、顶部张开量基本一致,张开时间基本同步,反映出沿隧洞轴线拉伸的变形特征。在散射影响较小的北端,接缝的错动与张开时间基本同步,在散射影响较大的南端,接缝的错动

与张开时间关系不大。计算分析得到的最大张开量，未超出接缝的设计允许张开量。

（9）北岸竖井段隧洞，因与刚度差异显著的竖井结构相连，地震时隧洞轴向接缝更易张开错动。计算分析得到的最大张开量为 1.1 mm，靠近竖井的接缝张开量均比较大。错动量最大为 4.35 mm，因靠近竖井的接缝间距减小，接缝错动量也减小，最大为 2.5 mm。受静荷载及隧洞内水流等作用，隧洞与竖井的连接缝已经产生了一定的错动与张开，地震在此部位引起的错动与张开对其安全十分重要。地震引起的拉压应力也出现在邻近竖井的隧洞管片，最大压应力约为 5 MPa，最大拉应力约为 2.5 MPa，对隧洞结构的强度安全影响有限。

综上所述，穿黄隧洞结构抗震是安全的，同时也验证了新型盾构隧洞结构无论是内、外衬单独作用的方案 3 还是内、外衬联合作用的方案 4 均具有良好的抗震性能，可以在工程中应用。

第 3 章

隧洞结构设计

3.1 穿黄隧洞工程布置

穿黄隧洞工程自 A 点到 S 点大体可以分为南岸连接明渠、进口建筑物、穿黄隧洞段、出口建筑物、北岸河滩明渠和北岸连接明渠六部分，全长 19.305 km。

1. 南岸连接明渠

南岸连接明渠位于邙山黄土丘陵区，为挖方渠道，底纵坡 1/8 000，采用混凝土衬砌和土工膜防渗，长 4 628.57 m；渠道为梯形断面，底宽 12.5 m，两侧渠坡 1 : 2.25，以上为黄土边坡，综合坡比 1 : 2.6。

2. 进口建筑物

进口建筑物包括截石坑、进口分流段、进口闸室段和斜井段，分布长度 1 030 m，另外还有退水建筑物。其中，斜井段又称邙山隧洞段，水平长度 800 m，洞径 7.0 m，按双线布置；退水建筑物中，退水隧洞为无压洞，断面为城门洞形，宽×高为 4.2 m×5.8 m，退水泄入黄河。

3. 穿黄隧洞段

北岸和南岸施工竖井之间的穿黄隧洞段长 3 450 m（南岸施工竖井于施工后期拆除，黄河行洪门口宽度仍保持 3 500 m），双线隧洞方案洞径 7.0 m，外层为装配式普通钢筋混凝土管片结构，厚 40 cm，内层为现浇预应力钢筋混凝土结构，厚 45 cm，内、外层衬砌由弹性防水垫层相隔。

4. 出口建筑物

出口建筑物由出口竖井、闸室段（含侧堰段）、消力池段及出口合流段等组成，水平长度 227.9 m。出口竖井由施工竖井改造而成，出口闸室按节制闸设计，通过对闸门开度的调节，以满足总干渠对 A 点衔接水位的要求。

5. 北岸河滩明渠

北岸河滩明渠为填方渠道，底宽 8 m，内坡 1:2.25，纵坡 1/10 000，其间有新蟒河渠道倒虹吸和老蟒河河道倒虹吸等交叉建筑物，分布长度 6 127.5 m。渠道地基采用挤密砂桩进行处理。

6. 北岸连接明渠

北岸连接明渠位于黄河以北阶地，为半挖半填渠道，长度 3 835.74 m，断面与北岸河滩明渠相同。

3.2 外衬管片结构设计

3.2.1 管片选型及分块设计

1. 隧洞断面

穿黄隧洞采用盾构隧洞预应力复合衬砌结构形式，其中内衬内径 7.0 m，内衬外径 7.9 m，外衬管片内径 7.9 m，外径 8.7 m。

2. 管片衬砌环选型

穿黄隧洞是在黄河典型游荡性河段中穿过河床软土地层的压力输水隧洞，埋藏深，地质条件复杂，具有荷载大、防水要求严的特点，因而外衬选用承载力较大、抵抗变形能力强的平板形钢筋混凝土管片，在现场设厂专业化生产。

初步设计阶段，衬砌环采用标准衬砌环。其后考虑到穿黄隧洞虽平面无转折，但邙山洞段有竖曲线段，并且盾构掘进还有蛇行纠偏要求，为便于施工控制，在施工详图阶段改为通用楔形环管片，其主要优点如下。

（1）通过管片环旋转，满足全线直线段、竖曲线段及施工纠偏要求，避免了原来采用的衬砌环形式需设置转弯环和加设楔形垫片来拟合竖曲线施工的缺点，既加强了防水性能，又减少了施工风险。这对于外部水压较高的穿黄工程尤为有利。

（2）由于无须配置转弯环，减少了钢模数量。

（3）通过管片不同的旋转角度实现曲线的拟合，可减小曲线拟合误差的积累，满足隧洞轴线拟合精度的要求。

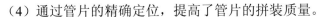

（4）通过管片的精确定位，提高了管片的拼装质量。

（5）简化管片分类储存、运输及施工管理。

工程实践表明，通常可采用计算机合理安排管片的拼装，以实现线路拟合自动化。

3. 管片环分块

管片设计参数包括环宽、衬砌环分块、管片厚度、封闭块的接头角度和插入角度等，经综合比较，设计采用环宽 1.6 m、7 等份模式（均为 51°25′43″），分块形式为 4A+2B+K。根据布置，环间共有 28 个纵向螺栓，按等圆心角布置，结合纠偏的需要，管片环与环间相错角度为 25.714 3° 的倍数，可以实现错缝拼装。

4. 连接螺栓设计

隧洞外层衬砌环为装配式钢筋混凝土拼装结构，管片与管片之间采用螺栓连接，考虑到穿黄隧洞处于黄河游荡性河道，河床冲淤变化对管片环纵向受力和变形的适应有较高的要求，环向承受较大的水土压力，因此螺栓连接方式采用直螺栓形式；经计算，单块管片环缝、纵缝每侧均设置 4 根 M30 的直螺栓，单根螺栓预紧力 100 kN。

5. 管片拼缝止水

为满足防水和结构设计要求，管片接缝自外向里先设置弹性密封垫防水，靠内壁再设预留嵌缝槽，必要时嵌入聚硫密封胶防水。

弹性密封垫防水在管片四周设置沟槽，并在其间放置框形三元乙丙橡胶弹性密封垫。根据长江科学院止水材料试验资料及国内外类似工程实例，密封垫材质邵氏硬度控制在 50°～60°。密封垫断面采用齿形。抗水压试验要求如下：在密封条错动 20 mm，同时张开 4 mm 及密封条错动 15 mm，同时张开 6 mm 的条件下，能抵抗 0.8 MPa 的水压力，不发生渗漏。

6. 材料及构件精度要求

外衬钢筋混凝土管片强度等级为 C50，抗渗等级为 W12，钢筋采用 I 级钢（Q235）、II 级钢（20MnSi）。管片连接螺栓的材料为 5.8 级的钢材。预埋件采用 HPB235 钢（Q235）。所有外露铁件均需进行防腐蚀处理。

构件的精度要求如下。

（1）单块管片制作的允许误差：宽度为 0.5 mm；弧、弦长为 ±1.0 mm；环向螺栓孔及孔位为 1 mm；厚度为 ±1 mm。

（2）整环拼装的允许误差：环缝间隙不得大于 1.0 mm（插片，每环测 3 点），纵缝间隙不大于 1.5 mm（每条缝测 3 点），纵向、环向螺栓与螺栓孔的间隙不得大于 2.0 mm（插钢丝检查），成环后内径为 ±2.0 mm（不放止水垫，测 4 条线），成环后外径为（-2、+3.5）mm（不放止水垫，测 4 条线）。

3.2.2 管片构造设计

1. 管片宽度及楔形量

管片环宽度是一个重要的参数，就制作、运输、拼装而言，较小的环宽方便施工，但环向接缝数量较多，增加防水工程量和防水风险。选用较大的环宽，可以减少环向接缝及可能的漏水环节，节约防水材料和连接件数量，降低管片制作和施工的费用，加快施工进度；但管片环宽越大，所需盾构体越长，对盾构机的灵敏度有影响，同时需提高盾构机拼装的能力，增强管片运输与起吊设备的能力。注意到近几年随着盾构机机械性能、施工水平的提高，管片环宽度有加大的趋势，一般为 1.2～2.0 m。从留有余地考虑，穿黄隧洞取环宽 1.6 m。

穿黄隧洞线路曲线半径为 800 m，经拟合计算，衬砌管片环采用曲线半径 400 m 对应的楔形量，可以较好地完成曲线拟合，并满足盾构施工纠偏的要求。管片环采用双面楔形，楔形量 34.8 mm。

管片环分块、楔形量和宽度详见图 3.2.1。管片环宽度尺寸见表 3.2.1。

2. 管片环封闭块形式

为尽量减小千斤顶规模和盾构体长，以增加盾构的灵活性，管片环选用通用型封闭块。管片厚度 40 cm，根据纵向搭接三分之二管片宽度的要求，封闭块与邻接块接缝面的偏转角度为 16°，纵向插入角度为 8.66°，详见图 3.2.2。

3. K块（封闭块）稳定复核

K块（封闭块）受径向面轴力及剪力作用，接缝面压力及滑动力与径向面轴力及剪力关系为（图 3.2.3）

$$N' = N\cos\theta - Q\sin\theta \qquad (3.2.1)$$

$$Q' = N\sin\theta + Q\cos\theta \qquad (3.2.2)$$

式中：N 为径向面轴力；Q 为径向面剪力；N' 为接缝面压力；Q' 为接缝面滑动力；θ 为接头角。

当 Q'/N' 小于接缝面摩擦系数时，管片接缝稳定，可传递轴力和剪力。

根据接缝面轴力及剪力计算得到 K 块与邻接块接缝面滑动力与压力的比值为 0.29～0.33，小于接缝面摩擦系数（一般丁腈橡胶软木衬垫摩擦系数可达 1.2，混凝土接触面摩擦系数大于 0.65），结构是稳定的。

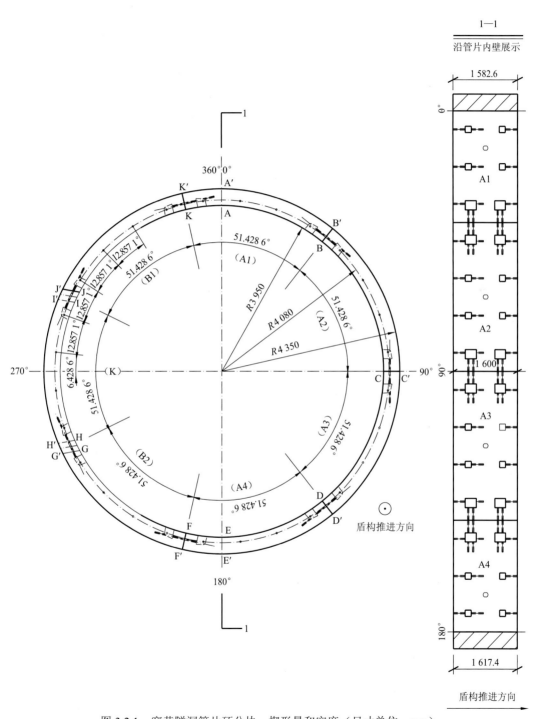

图 3.2.1　穿黄隧洞管片环分块、楔形量和宽度（尺寸单位：mm）

表 3.2.1　管片环宽度尺寸表　　　　　　　　　　　　　　（单位：mm）

部位	A	B	C	D	E	F	G	H	I	J	K
宽度	1 584.20	1 587.65	1 600.00	1 612.35	1 615.80	1 615.40	1 607.55	1 606.57	1 593.43	1 592.45	1 584.60
部位	A′	B′	C′	D′	E′	F′	G′	H′	I′	J′	K′
宽度	1 582.60	1 586.40	1 600.00	1 613.60	1 618.40	1 616.96	1 607.83	1 606.85	1 593.15	1 592.17	1 583.04

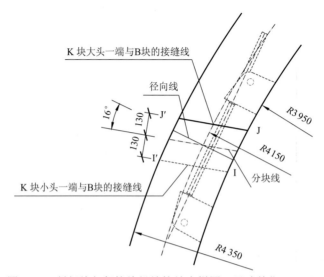

图 3.2.2　封闭块与邻接块纵缝接缝大样图（尺寸单位：mm）

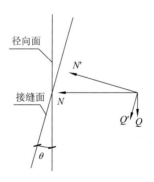

图 3.2.3　K 块接头受力分析简图

4. 限位榫槽

为提高环间抗剪能力，控制环间错动，增加管片纵向整体性，并满足拼装定位需要，在管片环缝面上设置凹凸榫槽，向着千斤顶的一面为凸榫，直接承受千斤顶撑靴的推力，背向千斤顶的一面为凹槽，详见图 3.2.4 和图 3.2.5。

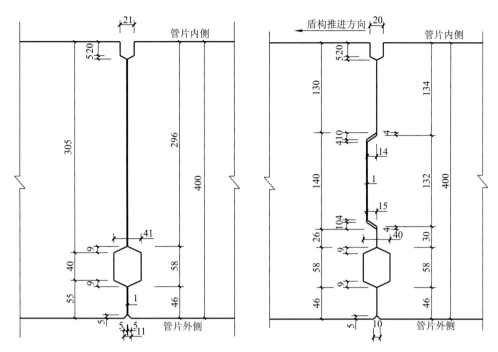

图 3.2.4　管片纵缝图（尺寸单位：mm）　　图 3.2.5　管片环缝构造图（尺寸单位：mm）

3.2.3　试掘进期间管片参数改进

1. 管片拼装存在的问题

穿黄工程下游线隧洞于 2007 年 7 月 8 日始发，在试掘进施工中陆续出现了一些问题。主要问题是管片拼装过程中，封闭块错台较大，以及部分管片出现了不同程度的破损。

（1）管片错台以封闭块与邻接块间的纵缝最为严重；

（2）管片封闭块与邻接块间错台量超过 10 mm，最大错台量为 17 mm；

（3）管片错台最终趋于稳定；

（4）拼装完成的管片存在缺角、混凝土裂缝和破裂等现象，主要发生在环缝带凹槽一侧的外缘和内缘。

2. 原因分析

1）一般错台原因分析

环间一般错台的原因与以下情况有关。

（1）盾构姿态不正确，管片拼装中心与盾尾中心不同心，导致前、后环管片错台。

（2）已拼装的管片环椭圆度较大或管片环内直径不同，造成环间高差过大。

（3）管片拼装时，由于螺栓拧紧程度不同（现场检查发现有的螺栓没有拧紧，螺栓处于松动状态），纵缝面存在间隙，管片在盾尾油脂压力或壁后注浆压力作用下，向内移动，产生错台。

（4）围土破坏，管片环受偏压作用，变形过大且不均匀，除给本环带来错台外，还给后续拼装的管片造成牵连性影响。

（5）壁后注浆浆液初凝时间过长，未能有效约束处于"自由"状态的已拼管段的环段，当土体发生偏压时，纵缝和环缝便产生错台。

2）K块错台原因分析

对于K块错台，除上述一般错台原因外，K块在管片环拼装中最后拼装，加上其体形特点，错台问题突出。

现场查看发现，为方便将K块插入就位，在封闭块与邻接块（以下简称B块）之间的接缝各增加了5 mm的间隙（以下简称初始间隙），以至于管片环拼装完成后，接缝未能及时挤紧，以形成设计所要求的摩擦力，其结果是K块发生错台，并通过环向连接螺栓带动两侧的B块一起完成间隙的挤紧。

以已拼装的管片为例，其封闭块两侧接头角为16°，接缝面与封闭块中线的夹角为9.714 3°，假定K块错台挤紧间隙的效应与连接螺栓带动B块挤紧间隙的效应相当，当接缝间隙为2δ时，K块错台挤紧间隙量为δ，相应接缝错台的高度$h_1 = \delta/\sin9.714\,3°$（图3.2.6）。根据许多工程的施工经验，对初始间隙的控制多为$2\delta \leqslant 2$ mm，即$\delta \leqslant 1$ mm，这样在盾尾油脂压力或壁后注浆压力作用下，所产生的接缝错台量为5.93 mm，小于规范允许的错台量10 mm。若初始间隙按$2\delta = 5$ mm控制，需K块错台挤紧2.5 mm的间隙，则错台将达14.8 mm，由此可见，实测最大错台值17 mm的出现并不是偶然的。

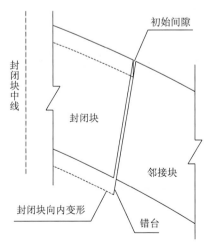

图3.2.6　封闭块错台与接缝挤紧间隙几何关系示意图

3）管片破裂原因分析

（1）由于错台，起限位作用的凹凸榫槽没有对齐，在千斤顶作用下，凸榫作用在凹槽的内侧斜面，在沿斜面法向分力作用下，管片内边缘或角缘处混凝土破裂，如图 3.2.7所示。

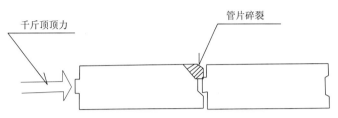

图 3.2.7　凹凸榫定位不准导致管片碎裂

（2）盾构和管片环姿态不正确，已拼装管片环底部紧贴盾尾，再拼装下一环管片时，造成相互位置错动或上翘下翻，相邻管片环面没有形成面接触，使管片局部受力，盾构推进时在接触点处产生应力集中，使管片边缘或角缘破裂，如图 3.2.8 所示。

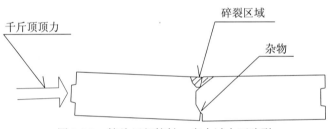

图 3.2.8　管片局部接触，应力过大而碎裂

3. 管片错台改进措施

试掘进段管片发生错台和破损情况后，对管片错台及破损产生的原因进行了认真分析，认为邻接块与封闭块拼装间隙过大是管片错台和破损产生的主要原因，对此，一方面通过提高盾构机拼装精度来减小拼装间隙，另一方面需对管片模板进行改进，避免邻接块与封闭块产生错台。对已生产的管片，适当改造以减少拼装过程中的错台。

1）第 2 套管片模板接缝构造

（1）纵缝构造。

封闭块（简称 K 块）与邻接块（简称 B 块）间纵缝加设凹凸榫槽，其中 K 块两侧均为凸榫，B 块接 K 块侧为凹槽，见图 3.2.9。标准块（简称 A 块）之间纵缝、A 块与 B 块之间纵缝加设定位棒。纵缝止水槽外边缘混凝土面后退 2 mm，考虑纵缝接缝面受力要求，采取钢筋加强措施。

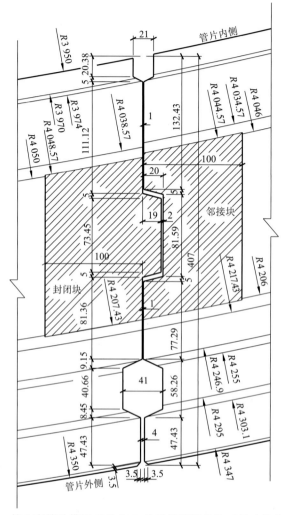

图 3.2.9 第 2 套管片模板 K 块与 B 块纵缝接缝构造（尺寸单位：mm）

（2）环缝构造。

管片环 K 块、B 块、A 块的环缝止水槽两侧及环缝靠内缘一侧的非承力面各收缩 2 mm，见图 3.2.10。K 块与 B 块接缝在两侧 10 cm 范围的环缝面上的凸榫和凹槽混凝土面再各收缩 2 mm。为适应拼装施工误差，K 块环缝凸榫内侧沿径向削减 4 mm，相应 K 块凸榫径向宽度由 160 mm 减为 156 mm。

按第 2 套管片模板图纸生产的管片，经洞内拼装，K 块和 B 块间错台一般为 3～6 mm，最大不超过 10 mm，满足接缝错台要求，除管片拼装过程出现局部碰撞和挤压破损外，管片破损情况得到极大改善。

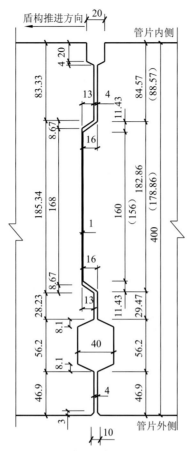

图 3.2.10　第 2 套管片模板环缝构造（K 块带凸榫环缝面取括号中数值）（尺寸单位：mm）

2）第 1 套管片模板生产的管片的接缝改造

针对第 1 套管片拼装中反映的问题，第 2 套管片模板在 K 块与 B 块间纵缝加设凹凸榫槽，拼装检验表明，凹凸榫槽可以控制由管片拼装间隙产生的错台。前述对 K 块管片稳定的复核计算表明只要 K 块管片与 B 块管片紧密贴合，K 块管片是稳定的，K 块与 B 块管片间错台产生的主要原因是拼装时的安装间隙，因此对第 1 套管片模板生产的管片提出加设限位销为主的措施以控制管片错台和破损，具体为：在 K 块与 B 块邻接的纵缝面加设限位销，限位销采用长 1.5 m、宽 40 mm、厚 8 mm 的扁钢制作，K 块及 B 块分别设限位销槽，其中 K 块限位销槽嵌入限位销，限位销槽及限位销尺寸见图 3.2.11。

第 1 套管片加设限位销后，经洞内拼装，K 块和 B 块间错台一般为 4～6 mm，最大不超过 10 mm，满足接缝错台要求，除管片拼装过程出现局部碰撞及挤压破损外，管片破损情况得到极大改善。这表明第 1 套管片只要能消除 K 块与 B 块间的安装间隙，K 块是稳定的。限位销槽在 K 块的宽度为 9 mm，在 B 块的宽度为 16 mm，与凹凸榫槽方案相比，对纵缝承压面的削弱较小，对结构承载有利。

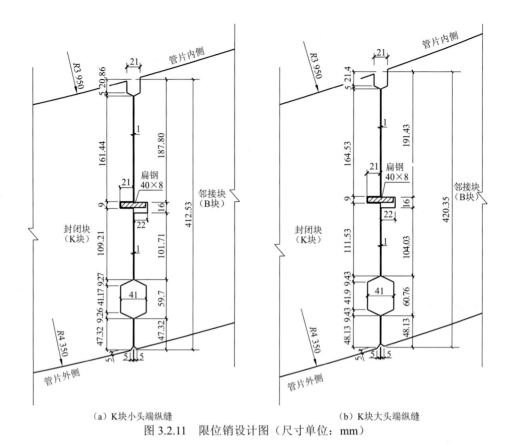

（a）K块小头端纵缝　　　　　　（b）K块大头端纵缝

图 3.2.11　限位销设计图（尺寸单位：mm）

3.3　内衬预应力结构设计

3.3.1　内衬结构

1. 内衬钢筋混凝土结构

内衬为内径为 7.0 m、外径为 7.9、衬厚为 45 cm 的环形结构，为后张法预应力钢筋混凝土结构，预应力锚索间距为 45 cm，每束由 12 根直径为 15.2 mm 的预应力钢绞线集束而成。内衬混凝土强度等级为 C40，抗渗等级为 W12，内壁粗糙系数 $n \leqslant 0.013\,5$。隧洞纵向设置永久变形缝，每 9.6 m 一道，地层变化洞段及靠进出口施工竖井的洞段需要局部加密，缝间采用闭孔泡沫板嵌缝，紫铜片止水。

2. 预锚系统

1）锚索

隧洞衬砌预应力为后张预应力，预应力由张拉锚索提供。单束锚索由 12 根公称直径为 15.2 mm 的钢绞线集束而成，满足《预应力混凝土用钢绞线》（GB/T 5224—2003）[①]中 1860 标准级钢绞线技术指标（抗拉强度为 1 860 N/mm^2，弹性极限不小于 234 kN，屈服强度伸长率不小于 3.5%，初始负荷为公称最大荷载的 80%时应力松弛率不大于 4.5%）。

2）锚具

锚具采用 HM15-12 型环锚锚具，与 12 根钢绞线相配，矩形锚板带 24 个锥孔，中间 12 孔夹持锚索主拉端，两侧各 6 孔夹持锚索被拉端。

3）预锚布置

每束环锚锚索预留一个张拉槽，无须张拉台座，配置弧形垫座，只需一台千斤顶张拉，锚索纵向平均间距 45 cm，施工中为补偿弧形垫座的摩阻损失，张拉控制应力加大到 0.75 倍标准强度，详见图 3.3.1。为减少预留张拉槽对内衬削弱的不利影响，预留张拉槽对称于隧洞轴线左、右按四列布置，详见图 2.3.1。锚索轴线一般距衬砌外缘 10 cm，但为弯入设于内衬内缘的张拉槽，需布置弯入段，因半径变小，局部挤压加强，截面弯

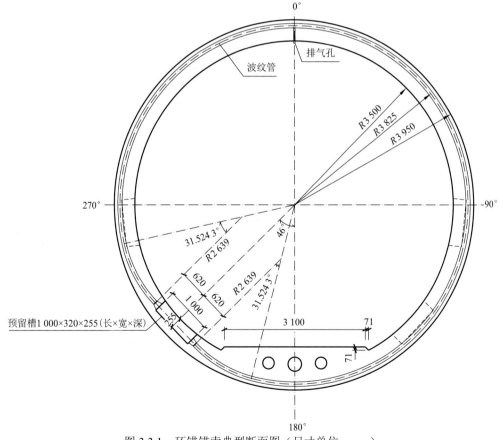

图 3.3.1 环锚锚索典型断面图（尺寸单位：mm）

---

① 工程设计时采用该标准。

矩加大，是设计的控制部位。混凝土浇筑前，采用钢质波纹管预留孔道，以供锚索牵引就位。

3.3.2 内衬预应力张拉阶段纵向应力与张拉方案

在隧洞衬砌通过张拉锚索形成环向预应力的同时，因锚索对内衬的径向挤压作用，还会产生沿纵向（即隧洞轴向）的拉应力，如果拉应力超限，在衬砌中会出现横向（环向）裂缝，需要研究，并采取防范措施。

1. 纵向应力计算方法

1）基本假设

为简化研究工作，不失一般性地提出以下三点假设。

（1）薄壳假设。

圆形隧洞的衬砌厚度一般为其内径的 1/15～1/10，穿黄隧洞内径 7 m，内衬厚 45 cm，约为内径的 1/16，远较其内径和纵向分段长度小，因此可视为薄壳圆筒结构。

（2）自由变形假设。

当锚索张拉时，衬砌环将受到一组径向的挤压力作用而发生内缩，与外部约束处于脱离状态（对于山岭隧洞或联合受力的双层衬砌，其外部约束为围岩或围土；对于有弹性垫层相隔的双层衬砌，内衬外部相当于无约束），在此状态下的变形称为自由变形，可不考虑外部约束的作用。

（3）荷载与约束轴对称假设。

当不考虑摩擦作用（摩擦系数为 0）时，锚索径向挤压力将自张拉端（被拉端）开始沿程均匀分布，荷载符合轴对称假设；考虑摩擦作用时，工程上为偏于安全也可按此处理。此外，隧洞体形对称，无外约束作用；分段设缝，端面自由（如水平隧洞段两端自由）或固定（如调压井井底固定，井顶自由）约束，也可认为符合轴对称假设。

2）等效弹性地基梁法

基于上述假设，可以将隧洞段简化为一薄壳圆筒段，当所受荷载与约束均轴对称时，根据弹性理论，可得到如下弹性曲面微分方程式：

$$\frac{\mathrm{d}^4\omega}{\mathrm{d}x^4} + 4\alpha_t^4\omega = \frac{Z}{D} \tag{3.3.1}$$

$$\alpha_t = \left(\frac{E_t h}{4r^2 D}\right)^{\frac{1}{4}} = \left[\frac{3(1-\mu^2)}{r^2 h^2}\right]^{\frac{1}{4}} \tag{3.3.2}$$

$$\frac{1}{D} = \frac{12(1-\mu^2)}{E_t h^3} \tag{3.3.3}$$

式中：ω 为薄壳圆筒径向位移；x 为圆筒轴向；Z 为轴对称分布荷载集度；E_t、r、h、μ 分别为薄壳圆筒弹性模量、半径、厚度、泊松比；D 为表征薄壳圆筒刚度的常数。

服从文克勒假设的弹性地基梁的微分方程式（3.3.4）～式（3.3.6）与上述薄壳圆筒弹性曲面微分方程式相似。

$$\frac{\mathrm{d}^4 y}{\mathrm{d}x^4} + 4\alpha^4 y = \frac{4\alpha^4}{k} p(x) \tag{3.3.4}$$

$$\alpha = \left(\frac{kb}{4EI}\right)^{\frac{1}{4}} \tag{3.3.5}$$

$$\frac{4\alpha^4}{k} = \frac{b}{EI} \tag{3.3.6}$$

式中：b、I 分别为弹性地基梁的宽度和惯性矩；E 为弹性地基梁的弹性模量；y 为相应点的地基沉降量；$p(x)$ 为地基梁上的分布荷载集度；k 为地基弹性抗力系数。

若轴对称分布荷载集度 Z 只与圆筒轴向 x 有关，写成 $Z(x)$，代入圆柱面薄壳弹性曲面微分方程，并对文克勒弹性地基梁微分方程进行如下相应的代换，则圆柱面薄壳弹性曲面微分方程与文克勒弹性地基梁微分方程便完全相同。

$$\frac{4\alpha^4}{k} = \frac{1}{D} \tag{3.3.7}$$

$$\alpha = \alpha_t \tag{3.3.8}$$

$$p(x) = Z(x) \tag{3.3.9}$$

$$k = \frac{E_t h}{r^2} = \frac{(1-\mu^2)Eh}{r^2} \tag{3.3.10}$$

由式（3.3.10）可知：

$$E = \frac{E_t}{1-\mu^2} \tag{3.3.11}$$

以上分析表明，一个轴对称的薄壁圆筒，在只有随轴向（x）变化的轴对称荷载作用下，其纵向内力与变形完全可以按一根等效的文克勒弹性地基梁计算。用已有的文克勒弹性地基梁有关计算公式，即可方便地进行薄壁圆筒纵向内力、应力与变形的分析，而式（3.3.10）便是等效条件。在实际运用时，可对该圆筒沿纵向取出环向宽度为 b 的切条，连同其上荷载在等效弹性地基梁上计算，等效条件是弹性抗力系数应按式（3.3.10）换算。

3）验证计算

以上分析的正确性可用以下算例验证。

设有一个混凝土圆筒，直径为 $d=2r=7.15\,\mathrm{m}$，厚度 $h=0.65\,\mathrm{m}$，长度为 $2L=12\,\mathrm{m}$，弹性模量为 $E_t=36\,000\,\mathrm{MPa}$，泊松比 $\mu=1/6$，内盛气体，压力为 $p=800\,\mathrm{kPa}$，圆筒的两端为固定端，详见图 3.3.2。

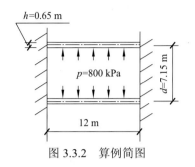

图 3.3.2　算例简图

（1）弹性理论解。

将相关参数 $r=3.575$ m、$h=0.65$ m、$\mu=1/6$ 代入式（3.3.2），得圆筒的弹性参数：

$$\alpha_t=\left[\frac{3(1-\mu^2)}{r^2h^2}\right]^{\frac{1}{4}}=0.857\,3\text{（m}^{-1}\text{）}$$

令

$$\lambda=\alpha_tL=5.143\,7$$

$$\omega_0=-\frac{pr^2}{E_th}\left(1-2\frac{\sin\lambda\cdot\cosh\lambda+\cos\lambda\cdot\sinh\lambda}{\sinh2\lambda+\sin2\lambda}\right)=-0.439\,4\times10^{-3}\text{（m）}$$

$$M_\lambda=-\frac{p}{2\alpha_t^2}\left(\frac{\sinh2\lambda-\sin2\lambda}{\sinh2\lambda+\sin2\lambda}\right)=-544.315\,8\text{（kN·m）}$$

其中，ω_0、M_λ 分别为圆筒中央断面挠度和固定端弯矩（沿环向宽度 1 m 范围）。

（2）等效弹性地基梁解析解。

取符合式（3.3.10）和式（3.3.11）的等效弹性地基梁，宽度 $b=1$ m，$E=37\,028.571\,43$ MPa，$\alpha=\alpha_t=0.857\,3$ m^{-1}，$k=1\,830.896\,4$ MPa/m，$q=-pb=-800$ kN/m，$\lambda=\alpha L=\alpha_tL=5.143\,7$。利用对称性，将等效弹性地基梁中央截面断开，取其右半长度，并在原中央截面处加上双水平链杆，得如图 3.3.3 所示的计算图形。该梁左端截面（原中央截面）的挠度为 y_0，固定端截面弯矩为 M_λ，计算式分别为式（3.3.12）和式（3.3.13）。

$$y_0=\frac{q}{kb}\frac{\rho_1-2\rho_6}{\rho_1}=\frac{q}{kb}\frac{2\varphi_{11}(\lambda)-\varphi_2(\lambda)}{2\varphi_{11}(\lambda)}=-0.439\,4\times10^{-3}\text{（m）}\qquad(3.3.12)$$

$$M_\lambda=\frac{q}{2\alpha^2}\frac{\rho_3}{\rho_1}=\frac{q}{2\alpha^2}\frac{\varphi_{10}(\lambda)}{\varphi_{11}(\lambda)}=-544.315\,8\text{（kN·m）}\qquad(3.3.13)$$

其中，ρ_1、ρ_3、ρ_6 的计算公式见式（3.3.14）～式（3.3.16），$\varphi_2(\lambda)$、$\varphi_{10}(\lambda)$、$\varphi_{11}(\lambda)$ 的计算公式见式（3.3.17）～式（3.3.19）。

$$\rho_1=\frac{2\varphi_{11}(\lambda)}{2\varphi_{12}(\lambda)-1}\qquad(3.3.14)$$

$$\rho_3=\frac{2\varphi_{10}(\lambda)}{2\varphi_{12}(\lambda)-1}\qquad(3.3.15)$$

$$\rho_6=\frac{\varphi_2(\lambda)}{2[2\varphi_{12}(\lambda)-1]}\qquad(3.3.16)$$

$$\varphi_2(\lambda) = \cosh\lambda \cdot \sin\lambda + \sinh\lambda \cdot \cos\lambda \tag{3.3.17}$$

$$\varphi_{10}(\lambda) = \frac{1}{2}(\sinh\lambda \cdot \cosh\lambda - \sin\lambda \cdot \cos\lambda) \tag{3.3.18}$$

$$\varphi_{11}(\lambda) = \frac{1}{2}(\sinh\lambda \cdot \cosh\lambda + \sin\lambda \cdot \cos\lambda) \tag{3.3.19}$$

$$\varphi_{12}(\lambda) = \frac{1}{2}(\cosh^2\lambda - \sin^2\lambda) \tag{3.3.20}$$

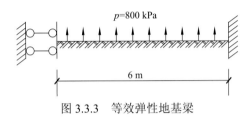

图 3.3.3 等效弹性地基梁

（3）对比结论。

对于薄壳圆筒中央截面处的挠度和固定端处的弯矩，弹性理论解和等效弹性地基梁解析解完全相同。

2. 环向预应力张拉过程隧洞纵向受力计算

分段设缝的水平向隧洞可视为两端自由的圆筒，在变换为等效的文克勒弹性地基梁后，可用一定数量的弹性链杆替代弹性地基，再采用一般的杆系结构有限元法计算即可。以下采用 SAP84 程序在计算机上对穿黄隧洞计算锚索张拉过程中的纵向应力，并探讨其分布规律。

1）隧洞内衬预应力概况

穿黄工程盾构隧洞内衬为后张法预应力钢筋混凝土结构。预应力由张拉锚索形成，属环锚预应力系统，单束锚索由 12 根直径为 15.2 mm 的钢绞线集束而成，标准分段长9.6 m，共布置 21 束锚索，锚索间距为 45 cm，预留槽分成左、右、高、低四列间错布置，纵向结构计算按张拉力为 2 250 kN 进行，隧洞标准衬砌段（段长 9.6 m）锚索预留槽布置图见图 3.3.2。

2）计算模型

按前述方法，水平向隧洞可视为两端自由的圆筒，将其变换为等效的文克勒弹性地基梁后，采用一定数量的弹性链杆替代弹性地基，得到的弹性地基梁的计算模型见图 3.3.4，图中 i 为预应力加载编号，j 为结点编号，V_i 为对应的预应力荷载。

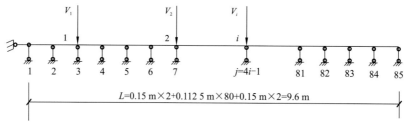

图 3.3.4　弹性地基梁计算模型

3）计算参数

取等效的文克勒弹性地基梁（以下简称地基梁）进行分析，梁宽 $b=1$ m，穿黄隧洞内衬混凝土强度等级为 C40，$E=32.5$ GPa，$\mu=1/6$，衬厚 $h=0.45$ m，$r=3.5+0.45/2=3.725$ m。

$$k=\frac{E_t h}{r^2}=\frac{Eh}{r^2(1-\mu^2)}=1\,084\,(\text{MPa}/\text{m})=1\,084\times10^3\,(\text{kN}/\text{m}^3)$$

结点弹簧刚度：

$$D_1=D_{85}=kbs_1/2=1\,084\times10^3\times1\times0.15/2=81.3\times10^3\,(\text{kN}/\text{m})$$

$$D_2=D_{84}=\frac{kb(s_1+s_2)}{2}=\frac{1\,084\times10^3\times1\times(0.15+0.15)}{2}=163\times10^3\,(\text{kN}/\text{m})$$

$$D_j=kbs=1\,084\times10^3\times0.112\,5=122\times10^3\,(\text{kN}/\text{m})\quad(i=4\sim82)$$

其中，s_1、s_2、s_3、s 分别为各结点影响范围内的隧洞结构长度。

按张拉方案关于锚索张拉的次序加荷，采用 SAP84 程序按杆系结构有限元法分别计算，便可得到张拉过程各纵向截面的内力。

4）内衬抗裂复核标准

内衬通过锚索张拉，环向施加了预应力，但沿纵向没有预应力，就结构特性而言，其仍是普通钢筋混凝土结构，按使用上不允许出现裂缝的受弯构件进行抗裂复核。

摘录《水工混凝土结构设计规范》（SL 191—2008）中有关受弯构件抗裂计算的公式于式（3.3.21），对隧洞纵向内力进行复核。

$$M_k\leqslant\gamma_m\alpha_{ct}f_{tk}W_0 \tag{3.3.21}$$

其中：M_k 为按荷载标准值计算的弯矩值，N·mm；γ_m 为截面抵抗矩塑性系数，取 1.55；α_{ct} 为混凝土拉应力限制系数，对荷载效应的标准组合，取 0.85；f_{tk} 为混凝土轴心抗拉强度标准值，取 2.39×10^3 kN/m²；W_0 为换算截面受拉边缘的弹性抵抗矩，$W_0=\dfrac{bh^2}{6}=0.033\,75$ mm³，代入式（3.3.21）得 $M_k\leqslant106.27$ kN·m。

5）计算方案

具体计算方案见表 3.3.1。

表 3.3.1　内衬预应力锚索张拉方案一览表

		结构方案与张拉方案	计算文件名
Y1	第 1 序	按锚索序号每束拉至 1 500 kN（共 21 束）	Y1A1～Y1A21
	第 2 序	按锚索序号每束拉至 2 250 kN（共 21 束）	Y1B1～Y1B21
Y2	第 1 序	低位锚索按序每束拉至 1 500 kN（共 11 束）	左侧低位 Y2Ai_1（$i_1=4k_1-3$，$k_1=1$～6） 右侧低位 Y2Aj_1（$j_1=4z-3$，$z=1$～5）
	第 2 序	高位锚索按序每束拉至 2 250 kN（共 10 束）	左侧高位 Y2Bi_1（$i_1=4k_1-1$，$k_1=1$～5） 右侧高位 Y2Bj_1（$j_1=4z$，$z=1$～5）
	第 3 序	低位锚索按序每束拉至 2 250 kN（共 11 束）	左侧低位 Y2Ci_1（$i_1=4k_1-3$，$k_1=1$～6） 右侧低位 Y2Cj_1（$j_1=4z-3$，$z=1$～5）
Y3	第 1 序	左侧奇数号锚索按序张拉后，右侧偶数号锚索按序张拉，每束 1 500 kN（共 21 束）	左侧低位 Y3Ai_1（$i_1=4k_1-3$，$k_1=1$～6） 左侧高位 Y3Aj_1（$j_1=4z-1$，$z=1$～5）
	第 2 序	左侧奇数号锚索按序张拉后，右侧偶数号锚索按序张拉，每束 2 250 kN（共 21 束）	右侧低位 Y3Bi_1（$i_1=4k_1-2$，$k_1=1$～6） 右侧高位 Y3Bj_1（$j_1=4z$，$z=1$～5）

注：计算文件名中 A 为第 1 序，B 为第 2 序，C 为第 3 序；计算文件名中 i_1、j_1 为锚索序号，k_1 为左侧锚索张拉次序，z 为右侧锚索张拉次序。

6）纵向内力计算成果

单束锚索控制张拉力为 $T_c=2\ 250$ kN，按张拉方案表（表 3.3.1），分别考虑如下三种张拉方案。

（1）Y1 方案。

第 1 序和第 2 序张拉过程的计算结果受篇幅限制，在此从略。

第 1 序单束 1 500 kN：当由 1$^\#$锚索顺序张拉到 19$^\#$锚索时，71 号结点截面（距末端 1.65 m）有最大的正弯矩 $M_{k\max}=100.80$ kN·m；而由 1$^\#$锚索顺序张拉到 2$^\#$锚索时，15 号结点截面（距始端 1.65 m）有最大的负弯矩 $M_{k\max}=73.41$ kN·m（指绝对值，下同）；它们均满足 $M_k\leqslant106.27$ kN·m 的抗裂要求。

第 2 序单束 1 500～2 250 kN：当由 1$^\#$锚索顺序张拉到 20$^\#$锚索时，79 号结点截面（距末端 0.85 m）有最大的正弯矩 $M_{k\max}=82.58$ kN·m；而由 1$^\#$锚索顺序张拉到 7$^\#$锚索时，37 号结点截面（距始端 4.125 m）有最大负弯矩 $M_{k\max}=45.04$ kN·m；它们也满足 $M_k\leqslant$ 106.27 kN·m 的抗裂要求。

由此可见，Y1 张拉方案成立。

（2）Y2 方案。

第 1 序和第 2 序张拉过程的计算结果受篇幅限制，在此从略。

第 2 序单束 1 500～2 250 kN：当对高位锚索由 3$^\#$锚索顺序张拉到 7$^\#$锚索时，15 号结点截面(距始端 1.65 m)有最大的正弯矩 M_{kmax}=131.05 kN·m,已不满足 M_k≤106.27 kN·m 的抗裂要求。

由此可见,Y2 张拉方案不成立。因此,未附上其第 3 序计算结果。

(3)Y3 方案。

第 1 序和第 2 序张拉过程的计算结果分别见表 3.3.2、表 3.3.3。

表 3.3.2　Y3 张拉方案第 1 序张拉过程计算结果

方案号	锚索			最大正弯矩			最大负弯矩		
	张拉顺序	对应结点	张拉力/kN	M_{kmax}/(kN·m)	对应结点	距始端/m	M_{kmax}/(kN·m)	对应结点	距始端/m
W3A1	1#	3	1 500	26.37	3	0.3	−48.85	10	1.09
W3A3	3#	11	1 500	40.22	11	1.2	−31.55	19	2.1
W3A5	5#	19	1 500	56.82	19	2.1	−37.09	29	3.22
W3A7	7#	27	1 500	57.62	27	3	−28.16	36	4.01
W3A9	9#	35	1 500	57.88	35	3.9	−28.46	44	4.91
W3A11	11#	43	1 500	57.57	43	4.8	−28.56	52	5.81
W3A13	13#	51	1 500	57.45	51	5.7	−28.53	60	6.71
W3A15	15#	59	1 500	57.37	59	6.6	−28.28	68	7.61
W3A17	17#	67	1 500	58.1	67	7.5	−27.49	7	0.75
W3A19	19#	75	1 500	67.12	75	8.4	−24.90	8	0.86
W3A21	21#	83	1 500	30.11	35、51	3.90、5.70	−27.50	7、79	0.75、8.85
W3A2	2#	7	1 500	46.74	7	0.75	−45.80	15	1.65
W3A4	4#	15	1 500	61.73	11	1.2	−48.03	23	2.55
W3A6	6#	23	1 500	56.18	19	2.1	−50.80	31	3.45
W3A8	8#	31	1 500	49.94	27	3	−50.56	39	4.35
W3A10	10#	39	1 500	49.04	35	3.9	−49.58	47	5.25
W3A12	12#	47	1 500	49.94	43	4.8	−49.56	55	6.15
W3A14	14#	55	1 500	50.51	51	5.7	−52.47	63	7.05
W3A16	16#	63	1 500	49	59	6.6	−54.83	72	8.06
W3A18	18#	71	1 500	47.15	67	7.5	−37.26	79	8.85
W3A20	20#	79	1 500	39.14	7、79	0.75、8.85	−9.62	37、49	4.12、5.48

表 3.3.3　Y3 张拉方案第 2 序张拉过程计算结果

方案号	锚索			最大正弯矩			最大负弯矩		
	张拉顺序	对应结点	张拉力/kN	M_{kmax}/（kN·m）	对应结点	距始端/m	M_{kmax}/（kN·m）	对应结点	距始端/m
W3B1	1#	3	2 250	46.32	3	0.3	−19.68	13	1.42
W3B3	3#	11	2 250	49.41	11	1.2	−23.32	21	2.32
W3B5	5#	19	2 250	46.4	11	1.2	−23.30	29	3.22
W3B7	7#	27	2 250	45.82	3	0.3	−23.90	37	4.12
W3B9	9#	35	2 250	45.77	3	0.3	−23.84	45	5.02
W3B11	11#	43	2 250	45.82	3	0.3	−23.38	53	5.92
W3B13	13#	51	2 250	45.85	3	0.3	−6.12	61	6.82
W3B15	15#	59	2 250	45.85	3	0.3	−19.14	65	7.28
W3B17	17#	67	2 250	46.06	67	7.5	−11.40	29	3.22
W3B19	19#	75	2 250	62.86	76	8.57	−12.16	53	5.92
W3B21	21#	83	2 250	45.85	3、83	0.3、9.3	−11.33	29、57	3.22、6.38
W3B2	2#	7	2 250	58.68	7	0.75	−20.25	21	2.32
W3B4	4#	15	2 250	58.91	7	0.75	−25.43	25	2.78
W3B6	6#	23	2 250	54.56	7	0.75	−25.91	33	3.68
W3B8	8#	31	2 250	53.06	7	0.75	−25.07	41	4.58
W3B10	10#	39	2 250	53.07	7	0.75	−25.00	49	5.48
W3B12	12#	47	2 250	53.26	7	0.75	−25.42	57	6.38
W3B14	14#	55	2 250	53.32	7	0.75	−24.39	65	7.28
W3B16	16#	63	2 250	53.32	7	0.75	−19.37	69	7.72
W3B18	18#	71	2 250	53.31	7	0.75	−13.96	33	3.68
W3B20	20#	79	2 250	53.31	7、79	0.75、8.85	−14.12	29、57	3.22、6.38

第 1 序单束张拉：由 1# 锚索开始，对左侧奇数号锚索顺序张拉 1 500 kN 到 19# 锚索时，75 号结点截面（距始端 8.40 m）有最大的正弯矩 M_{kmax}=67.12 kN·m；而当右侧 16# 锚索张拉后，72 号结点截面（距始端 8.06 m）有最大的负弯矩 M_{kmax}=54.83 kN·m；它们均满足 M_k≤106.27 kN·m 的抗裂要求。

第 2 序单束张拉：当由左侧 $1^{\#}$ 锚索顺序张拉到 $19^{\#}$ 锚索时，6 号结点截面（距末端 8.75 m）有最大的正弯矩 $M_{kmax} = 62.86$ kN·m；而由 $2^{\#}$ 锚索开始，对右侧偶数号锚索顺序张拉 2 250 kN 到 $6^{\#}$ 锚索时，33 号结点截面（距始端 3.68 m）有最大的负弯矩 $M_{kmax} = 25.91$ kN·m；它们也满足 $M_k \leqslant 106.27$ kN·m 的抗裂要求。

由此可见，Y3 张拉方案成立。

7）计算成果分析

（1）对于一个标准衬砌段，Y1 张拉方案和 Y3 张拉方案对锚索张拉的总次数为 $21 \times 2 = 42$ 次（不计预紧，下同），Y2 张拉方案对锚索张拉的总次数为 $11 \times 2 + 10 = 32$ 次，减少 10 次，这也是提出 Y2 张拉方案的原因，但由于该方案在第 2 序张拉时纵向弯矩值超限，不满足抗裂要求，此方案不成立。

（2）Y1 张拉方案和 Y3 张拉方案对锚索张拉次数相同，均满足抗裂要求，方案成立，但存在以下差别：①当 1 个衬砌段只配备 1 台千斤顶张拉时，对于 Y1 张拉方案，在开始下一束锚索张拉前，千斤顶需向另一侧转移，共需转移 42 次；而对于 Y3 张拉方案，一侧锚索全部完成张拉后才转到另一侧张拉，只需转移 2 次。②当 1 个衬砌段左、右侧各配备 1 台千斤顶张拉时，对于 Y1 张拉方案，由于有顺序张拉的要求，即前一束锚索完成张拉后，位于另一侧的后一束锚索方可张拉，有可能存在相互等待的情况，对作业进度有一定的影响；而对于 Y3 张拉方案，可错开衬段施工，同侧锚索只需按序张拉，有利于提高作业进度。③Y3 张拉方案纵向弯矩明显较 Y1 张拉方案小，能更好地满足抗裂要求。

8）结论

根据计算结果，穿黄隧洞采用 Y3 张拉方案进行锚索张拉。

3.3.3 锚索张拉动态控制

1. 锚索张拉双控的提出

内衬预应力是通过曲线锚索张拉形成的，受孔道摩阻作用，自锚索张拉端始，拉力将随摩擦系数和绕行角度的增大逐渐减小。由于预应力效果取决于锚索拉力，而仅靠张拉端拉力不能反映其后拉力递减的情况和预应力效果，张拉后的锚索拉力与张拉端锚索弹性伸长有关，故要对曲线锚索张拉效果进行控制，除了要对锚索张拉端控制张拉力外，还要控制张拉端锚索的弹性伸长，即需要双控。

2. 锚索控制张拉力研究

1）锚索布置

锚索布置见图3.3.5和图3.3.6。有关计算参数如下：弧形垫座孔道曲率半径 $R_0 = 500\,\mathrm{mm}$，包角 $\theta_0 = 40°$，摩阻系数 $\mu_0 = 0.088\,6$；第一曲线段孔道曲率半径 $R_1 = 2\,639\,\mathrm{mm}$，包角 $\theta_1 = 31.524\,3°$，第二曲线段孔道曲率半径 $R_2 = 3\,825\,\mathrm{mm}$，包角 $\theta_2 = 148.475\,7°$。

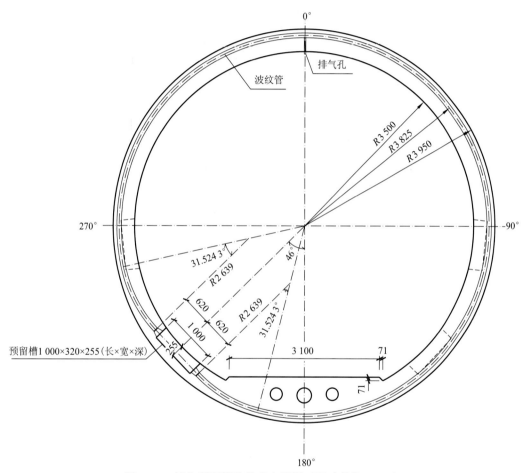

图 3.3.5　低位预留槽的锚索布置图（尺寸单位：mm）

2）孔道摩阻系数与锚索拉力的关系

对于环锚，在扣除弧形垫座摩阻损失后，锚索第一曲线段始端拉力计算式见式（3.3.22），经整理可得其后各曲线段的孔道摩阻 μ_1 的计算式（3.3.23）和式（3.3.24）。

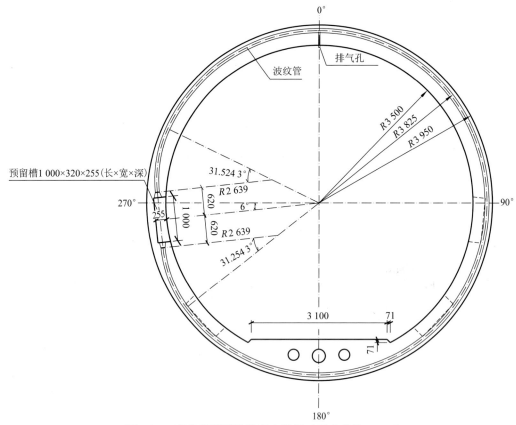

图 3.3.6　高位预留槽的锚索布置图（尺寸单位：mm）

$$T_1 = T_0 \mathrm{e}^{-\mu_0 \theta_0} \tag{3.3.22}$$

$$\mu_1 = \frac{1}{\theta_1}\left[\ln\left(\frac{T_0}{T_2}\right) - \mu_0\theta_0\right] \tag{3.3.23}$$

$$\mu_1 = \frac{1}{\theta_2}\left[\ln\left(\frac{T_0}{T_3}\right) - \mu_0\theta_0 - \mu_1\theta_1\right] \tag{3.3.24}$$

式中：T_0、T_1、T_2、T_3 分别为张拉端千斤顶拉力、锚索第一曲线段始端拉力、锚索第二曲线段始端拉力和第二曲线段末端拉力；θ_0 与 μ_0 分别为弧形垫座孔道包角和孔道摩阻系数；θ_1 与 θ_2 分别为锚索第一曲线段包角和锚索第二曲线段包角。

3. 锚索张拉施工方案

曲线孔道摩阻系数均取 $\mu_1 = 0.2$，锚索张拉控制力 $T_0 = 2\,250\ \mathrm{kN}$，相应有 $T_1 = 2\,115.04\ \mathrm{kN}$，$T_2 = 1\,894.65\ \mathrm{kN}$，$T_3 = 1\,128.35\ \mathrm{kN}$。

车道平台施工后，边顶拱没及时跟上等多方面原因，使曲线孔道摩阻系数增大，在此情况下，为取得不低于原方案的预应力效果，需加大张拉控制力，同时控制张拉端弹性伸长。

1）预案 1

为达到同样的预应力效果，取张拉控制力 $T_0 = 2\,500$ kN，即张拉控制应力为标准强度的 80%，将 $T_0 = 2\,500$ kN、$T_3 = 1\,128.35$ kN 代入式（3.3.24），可得 $\mu_1 = 0.233\,6$，相应锚索第一曲线段始端的拉力 T_1 和第 2 曲线段始端的拉力 T_2 同时示于表 3.3.4 中。

表 3.3.4　不同张拉方案预应力效果特征值

方案	μ_1	T_0/kN	T_1/kN	T_2/kN	T_3/kN
原定方案	0.200 0	2 250	2 115.04	1 894.65	1 128.35
预案 1	0.233 6	2 500	2 350.05	2 066.61	1 128.35
预案 2	0.213 9	2 350	2 209.05	1 963.78	1 128.35

2）预案 2

为达到同样的预应力效果，取张拉控制力 $T_0 = 2\,350$ kN，即张拉控制应力为标准强度的 75.2%。同理，将 $T_0 = 2\,350$ kN、$T_3 = 1\,128.35$ kN 代入式（3.3.24）可得 $\mu_1 = 0.213\,9$，算得的锚索第一曲线段始端的拉力 T_1 和第二曲线段始端的拉力 T_2 也示于表 3.3.4 中。

由表 3.3.4 可见，当第一曲线孔道和第二曲线孔道摩阻系数小于表中所要求的摩阻系数时，各预案只要控制锚索末端张拉力 T_3 与原定方案相同，则 T_1、T_2 就较原定方案大，即按预案实施，可以取得原定方案要求的预应力效果。

4. 锚索变形控制研究

在判定曲线孔道摩阻系数是否小于表 3.3.4 中所要求的摩阻系数时，考虑到在锚索张拉过程中，锚索总处于弹性工作状态，因此通过量测其弹性伸长，可反演得到锚索与孔道之间的摩阻系数，为此做了以下研究。

由于锚索分序、分级张拉，以下推导中，锚索伸长采用增量形式表示。据分析，锚索弹性总伸长由五部分组成，如式（3.3.25）所示。

$$\Delta S = \Delta L_0 + \Delta S_0 + \Delta L_1 + \Delta S_1 + \Delta S_2 \qquad (3.3.25)$$

其中，

$$\Delta L_0 = \frac{\Delta T_0}{E_1 F} L_0 \qquad (3.3.26)$$

$$\Delta S_0 = \frac{R_0}{\mu_0 E_1 F}(\Delta T_0 - \Delta T_1) \qquad (3.3.27)$$

$$\Delta L_1 = \frac{\Delta T_1}{E_1 F} L_1 \qquad (3.3.28)$$

$$\Delta S_1 = \frac{2R_1}{\mu_1 E_1 F}(\Delta T_1 - \Delta T_2) \qquad (3.3.29)$$

$$\Delta S_2 = \frac{2R_2}{\mu_1 E_1 F}(\Delta T_2 - \Delta T_3) \qquad (3.3.30)$$

式中：ΔS 为计算荷载段锚索弹性伸长增量；ΔL_0 为弧形垫座上端与工具锚板之间直线段的伸长；ΔS_0 为弧形垫座曲线段的伸长；ΔL_1 为预留槽两侧第一曲线段始端之间的直线段的伸长；ΔS_1、ΔS_2 分别为预留槽两侧第一曲线段的总伸长和第二曲线段的总伸长；ΔT_0 为计算荷载段千斤顶拉力增量；ΔT_1 为弧形垫座下端（即第一曲线段始端）的拉力增量，$\Delta T_1 = \Delta T_0 \mathrm{e}^{-\mu_0 \theta_0}$；$\Delta T_2$ 为第一曲线段末端（即第二曲线段始端）的拉力增量，$\Delta T_2 = \Delta T_1 \mathrm{e}^{-\mu_1 \theta_1}$；$\Delta T_3$ 为第二曲线段末端的拉力增量，$\Delta T_3 = \Delta T_2 \mathrm{e}^{-\mu_1 \theta_2}$；$L_0$ 为工具锚板与弧形垫座上端之间的直线段的长度；L_1 为预留槽两侧第一曲线段始端之间的直线段的长度；μ_0 为锚索与弧形垫座孔道的摩阻系数，实测 $\mu_0 = 0.088\ 6$；R_0 为弧形垫座孔道曲率半径；R_1、R_2 分别为第一曲线段的曲率半径和第二曲线段的曲率半径；E_1 为钢绞线的弹性模量，$E_1 = 1.95 \times 10^5\ \mathrm{N/mm^2}$；$F$ 为组成锚索的钢绞线面积，$F = 140\ \mathrm{mm^2} \times 12 = 1\ 680\ \mathrm{mm^2}$。

将各部分伸长代入式（3.3.25），并经整理可得如下 μ_1 的计算式：

$$\mu_1 = \frac{2R_1(\Delta T_1 - \Delta T_2) + 2R_2(\Delta T_2 - \Delta T_3)}{E_1 F \cdot \Delta S - \Delta T_0 L_0 - \Delta T_1 L_1 - R_0(\Delta T_0 - \Delta T_1)/\mu_0} \qquad (3.3.31)$$

由于式（3.3.31）等号右端的 ΔT_2、ΔT_3 也含有待求的 μ_1，故根据实测的 ΔS，并通过迭代可求解 μ_1 值。反之，可将表 3.3.4 中预案 1、预案 2 相应的特征值，分别代入式（3.3.25）及与之相关的计算式（3.3.26）～式（3.3.30），便可得到相应的锚索弹性伸长控制值，将实测的弹性伸长与之比较，便可判定是否满足所要求的预应力效果。

5. 锚索张拉控制生产性试验

1）生产性试验张拉分序

在生产性试验前期，考虑到孔道摩阻系数有可能较大于原定方案采用值，锚索控制张拉力按预案 1 定为 2 500 kN；在生产性试验后期，由于工艺的改善，实测的摩阻系数在减小，故考虑按预案 2 将控制张拉力调低为 2 350 kN。张拉过程按单根钢绞线预紧、整束张拉分序、同序荷载分级的要求进行。

（1）第 1 序张拉。

单根钢绞线预紧，预紧力为 42 kN。

锚索整束张拉分 5 级，顺序为 500 kN、750 kN、1 000 kN、1 250 kN、1 500 kN。

（2）第 2 序张拉（预案 2 取括号中数值）。

锚索整束张拉分 5 级，顺序为 1 500 kN、1 750 kN、2 000 kN、2 250 kN、2 500 kN（2 350 kN）。

2）弹性伸长与孔道摩阻系数

按预案 1（预案 2）分序张拉，考虑到锚索预紧过程中存在非弹性伸长，因此可分别对 500～1 500 kN 和 500 kN～2 500 kN（2 350 kN）的增量 ΔT_0 [1 000 kN、2 000 kN（1 850 kN）] 计算 ΔT_1、ΔT_2 和 ΔT_3，再按式（3.3.26）～式（3.3.30）计算各段弹性伸长，

最后按式（3.3.25）计算总伸长。表 3.3.5 给出了预案 1（取孔道摩阻系数 $\mu_1 = 0.2336$）和预案 2（取孔道摩阻系数 $\mu_1 = 0.2139$），分别对应于 500～2 500 kN 和 500～2 350 kN 的增量 $\Delta T_0 = 2\,000$ kN、$\Delta T_0 = 1\,850$ kN 的各段弹性伸长。

表 3.3.5　各方案锚索弹性伸长

参数	单位	设计条件	预案 1	预案 2
μ_0	—	0.088 6	0.088 6	0.088 6
μ_1	—	0.200 0	0.233 6	0.213 9
ΔT_0	kN	1 750	2 000	1 850
ΔL_0	mm	4.807 7	5.494 5	5.082 4
ΔS_0	mm	1.808 2	2.066 5	1.911 5
ΔL_1	mm	6.904 5	7.890 9	7.299 1
ΔS_1	mm	13.808 5	15.638 9	14.542 9
ΔS_2	mm	69.589 3	75.051 5	71.817 3
ΔS_3	mm	96.918 2	106.142 3	100.653 2

6. 预应力动态控制标准

如表 3.3.5 所示，孔道摩阻系数与钢绞线弹性伸长有对应关系，因此在生产性试验中，预应力双控按预案 1、预案 2 要求，按实际张拉过程对张拉力和钢绞线弹性伸长进行动态控制。例如，第 $i^{\#}$ 锚索张拉过程中，先按预案 2 张拉，测取张拉力 500～2 350 kN 的千斤顶活塞伸长和钢绞线回缩，计算该锚索的弹性伸长 ΔS_i，再与表 3.3.5 中预案 2 的 ΔS 对比，若 $\Delta S_i > \Delta S$，可认为达到预期的预应力效果；若 $\Delta S_i < \Delta S$，则需继续加荷，待张拉至 2 500 kN，再测取张拉力 500～2 500 kN 的千斤顶活塞伸长和钢绞线回缩，计算该锚索的弹性伸长 ΔS_i，并与预案 1 进行对比。

基于前述分析，在锚索预应力施工过程中，提出了如下锚索张拉分级及动态控制标准。

1）第 1 序张拉分级

（1）单根预紧：单根钢绞线预紧拉力不超过 42 kN。

（2）第 1 级整束张拉力为 500 kN。

（3）第 2 级张拉力：整束一次性拉到 1 500 kN。

（4）计算第 1 序由 500 kN 张拉至 1 500 kN 的弹性净伸长 S_1（指活塞伸长量减去钢绞线回缩量，下同）。

2）第 2 序张拉分级

（1）第 1 级张拉力为 1 500 kN。

（2）第 2 级张拉力：整束一次性拉到 2 350 kN。

（3）计算由 1 500 kN 张拉至 2 350 kN 的弹性净伸长 S_2，若 $S=S_1+S_2 \geqslant 101$ mm，可结束张拉。

（4）若 $S=S_1+S_2<101$ mm，继续拉至最终控制张拉力 2 500 kN，再结束张拉。

3）达标判别

若满足以下条件之一，认为锚索张拉整段达标。

（1）与张拉力 2 350 kN 相应的单个衬砌段的弹性净伸长平均值 $S_{cp} \geqslant 101$ mm。

（2）全部拉到 2 500 kN，相应的单个衬砌段的弹性净伸长平均值 $S_{cp} \geqslant 106$ mm。

（3）同一衬段部分拉到 2 350 kN，部分拉到 2 500 kN，单个衬砌段的平均等效弹性净伸长 $S_{等效}$ 按加权平均计算，满足如下条件：

$$S_{等效} = \left(\eta_a \sum_{i=1}^{N_a} S_{ai} + \eta_b \sum_{j=1}^{N_b} S_{bj} \right) / (N_a + N_b) \geqslant 106 \ (\text{mm})$$

式中：N_a、S_{ai} 分别为只拉到 2 350 kN 的锚索根数、弹性净伸长；N_b、S_{bj} 分别为拉到 2 500 kN 的锚索根数、弹性净伸长；η_a 为只拉到 2 350 kN 的锚索的权，也称换算系数，$\eta_a = 1.049\ 5$；η_b 为拉到 2 500 kN 的锚索的权，$\eta_b = 1$。

3.4 隧洞防水与排水设计

1. 外衬防水

外衬管片接缝设弹性密封垫防水，主要用来防止外水内渗，见图 3.4.1 和图 3.4.2。

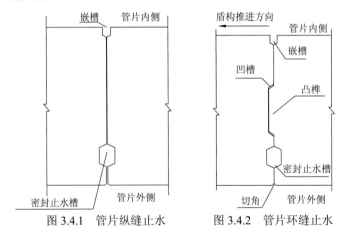

图 3.4.1 管片纵缝止水　　图 3.4.2 管片环缝止水

2. 内衬防水

为防止内水自内衬表面外渗，采取了预应力措施，在基本荷载组合下，内衬实现了全截面受压，达到抗裂标准；为防止沿接缝外渗，在内衬接缝设 3 道防水防线，自内向外，第 1 道为内嵌 2 cm 的聚硫密封胶，第 2 道为遇水膨胀橡胶止水条，第 3 道为止水铜片。其中，聚硫密封胶易因温度收缩，防水性能较差，主要起填缝减糙作用。在每道止水之间均嵌有闭孔泡沫板，参见图 3.4.3。工程实施阶段，为确保接缝防渗效果，在接缝处还增加了聚脲密封，参见图 3.4.4。

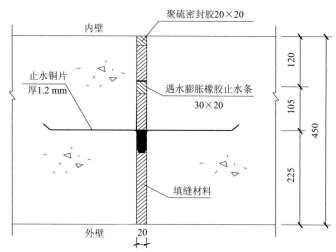

图 3.4.3　内衬结构缝止水（尺寸单位：mm）

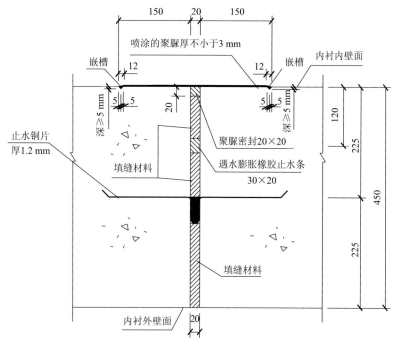

图 3.4.4　内衬结构缝聚脲密封（尺寸单位：mm）

3. 隧洞渗漏排水

1）排水垫层

在边顶拱 300° 范围，设置排水垫层，除实现"结构有限联合、功能独立"的要求外，还用于收集内水经内衬向接缝面的渗水及黄河水经管片接缝向接缝面的渗水。排水垫层采用两布一格栅的形式，详见图 3.4.5。

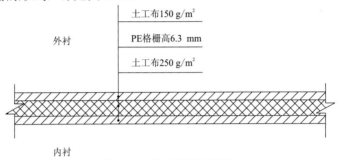

图 3.4.5　排水垫层示意图

2）排水管路

内衬与外衬之间排水垫层中的渗漏水通过两种途径排入埋置于车道平台的纵向排水管，其第一种途径是插入垫层中的 2 根短管将渗漏水排入中间的一条直径为 300 mm 的纵向排水管，第二种途径是垫层的渗漏水先排向两侧的花管，再分别排入位于两侧的直径为 250 mm 的纵向排水管（图 3.4.6～图 3.4.8），最后由纵向排水管将隧洞衬砌的渗

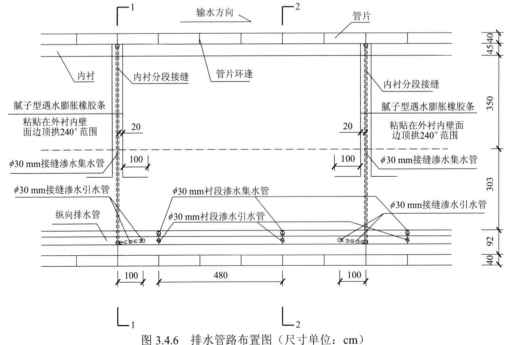

图 3.4.6　排水管路布置图（尺寸单位：cm）

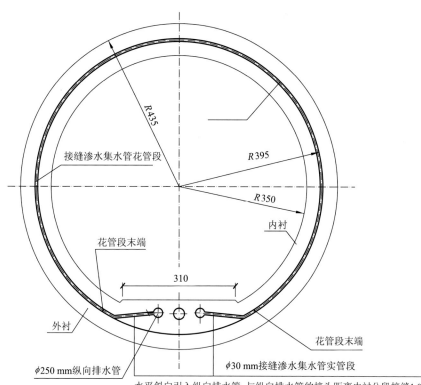

图 3.4.7　排水管路剖面图（1—1 剖面）（尺寸单位：cm）

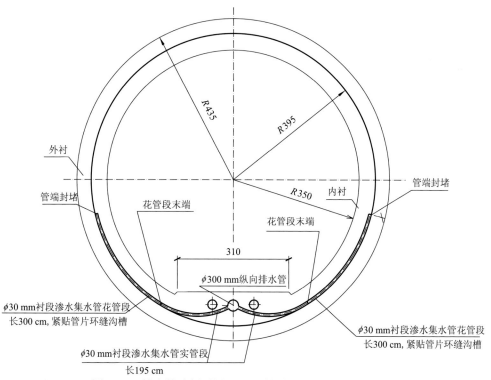

图 3.4.8　排水管路剖面图（2—2 剖面）（尺寸单位：cm）

漏水排向渗漏集水井。

3）渗透压力监控准则

除考虑完备的防水和渗漏排水布置外，也要重视内、外衬接缝面的渗透压力监控，对界面水压导致管片接缝张开的敏感性进行分析，首先得出满足接缝防水要求的界面临界值 P_c，考虑到监测点数量有限和监测仪器的误差，取安全系数 1.2，即渗透压力预警值 $P_a=P_c/1.2$。当渗透压力监测值大于渗透压力预警值时及时检修、处理。

第4章

施工竖井设计

4.1 竖井结构与施工方案

4.1.1 竖井布置

1. 工程地质条件

穿黄隧洞分为过河隧洞段和邙山隧洞段，共长 4 250 m。为满足盾构隧洞始发和中途检修要求，在隧洞过黄河南、北两端处各设有施工竖井。

南岸竖井临近邙山坡脚，竖井上部为 Q_4^2 粉细砂，厚约 8 m；中下部为 Q_2 粉质壤土，夹数层古土壤和钙质结核层。

北岸竖井地处黄河北岸滩地，竖井中上部为 Q_4^2 与 Q_4^1 中等—强透水的粉细砂、含砾中砂层，底部为 Q_3 粉质壤土层、砂砾石层。

2. 施工洪水标准

竖井施工期设计挡水标准为黄河 20 年一遇，洪峰流量为 11 210 m^3/s，校核标准为100 年一遇。南、北岸竖井顶高程均为 106 m。

工程投入运行后，北岸竖井改造为隧洞的出口弯管段，为永久建筑物。

3. 竖井平面尺寸

为减少施工干扰，降低基坑支护难度，双线隧洞施工竖井按一洞一井分别设置，即南、北岸各设 2 个工作井。由于竖井深度大，从结构稳定和受力条件方面考虑，竖井按圆环结构设计。结合施工场地布置条件，隧洞掘进从北向南。

北岸施工竖井作为盾构隧洞施工工作井，为施工过程中的盾构机的运入、组装、始发、到达、解体，管片及其他材料的运入，泥水处理设备的设置，掘削土砂及其他废料的运出等作业提供场地。在完成盾构隧洞施工竖井的功能后，将改造为竖弯段与穿黄隧洞连接，成为永久建筑物的一部分，井内还将布置水泵室、风机室、楼梯间等永久设施。初步设计阶段根据工程经验，考虑盾构机长度和设备安装需要，竖井内有效空间尺寸为12.50 m。按几何关系确定地下连续墙内径为 19.0 m，内衬内直径为 16.4 m。

南岸工作井只供盾构机停留、检修。同样，在完成盾构隧洞施工竖井的功能后，将底部改造成与穿黄隧洞连接，成为永久建筑物的一部分，上部则回填。初步设计阶段根据工程经验，考虑盾构机长度和设备安装需要，竖井内有效空间尺寸为 11 m。按几何关系确定内衬内径为 13.5 m，外径为 15.9 m。

2006 年初，盾构机采购标确定德国 Herrenknecht AG 中标。Herrenknecht AG 所提供的盾构机外径为 9 m，长度为 11.47 m，与初步设计阶段设定的尺寸比较，长度增加了约3 m，因此凸显出竖井尺寸偏小。而当时竖井已经施工，加大直径已不可能。盾构安装过程中所需要的竖井尺寸 L 由两部分组成，第一部分为盾构的长度，第二部分由盾构安装空间、负环吊装和物资交通通道、盾构始发设施尺寸决定，而第二部分长度可以通过优化缩短。为此，通过以下措施解决了北岸施工竖井尺寸偏小的问题。

（1）在确保盾构安装空间的前提下，对盾构始发设施进行优化。

（2）为满足负环吊装要求，在盾构背面竖井壁上设置弧形反力座，利用反力座弧形空间满足负环和物资交通通道所需的空间。

4. 竖井深度

盾构机工作台座高度根据盾构机的安装和盾构机的重量、盾构组装作业等要求确定，且不小于 0.7 m。施工竖井开挖高程=隧洞中心线高程-盾构机外径/2-工作台高度-钢筋混凝土底板厚度。考虑到永久运行要求，对于北岸竖井，尚需布置检修集水井。因此，南、北岸竖井开挖底高程分别为 64.0 m 和 55.5 m，竖井深度分别为 42 m 和 50.1 m。

4.1.2 竖井结构设计

适用于本工程施工竖井的结构形式有沉井与地下连续墙+内衬两种，从安全可靠、经济、施工方便和保证工期等方面进行综合比选后，确定施工竖井结构形式选用地下连续墙+内衬方案。

1. 地下连续墙

通过对基坑的稳定分析确定地下连续墙合理的嵌固（从基坑底面插入）深度。嵌固深度既要满足竖井墙体稳定的要求，又要满足竖井的抗浮稳定要求，结合竖井所在地地质条件，确定竖井地下连续墙底高程，南、北岸分别为 54.0 m、29.0 m，经布置，确定

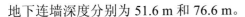

地下连墙深度分别为 51.6 m 和 76.6 m。

穿黄工程北、南岸施工竖井均为超深竖井，根据结构计算和工程类比，确定北、南岸竖井地下连续墙厚度分别为 1.4 m 和 1.2 m。实际施工时，北岸施工竖井地下连续墙采用双轮铣施工，墙体厚度按设备模数调整为 1.5 m。

2. 现浇混凝土内衬

综合考虑施工与永久运行的要求，结合竖井开挖，内衬采用自上而下的逆作法施工，内衬为满堂模板现浇普通钢筋混凝土结构，内衬厚度 80 cm。

4.1.3　竖井渗控设计

1. 地下连墙续防渗主体

北岸竖井位于黄河漫滩，地下水位高，围土以透水的砂性土为主，竖井为超深基坑，完成盾构掘进施工后，改造为输水隧洞的弯管段，成为永久结构，故必须建立可靠的防渗系统，以确保施工安全和运行安全。

由于施工竖井地下连续墙未嵌入基岩，灰浆防渗墙也只封闭到壤土中，为了防止地下水自壤土层下方的透水砂层进入基坑，由地下连续墙墙脚向下设置水泥灌浆帷幕，封闭至基岩。灌浆底高程为 12 m，灌浆深度为 17 m。帷幕灌浆采用两排，帷幕厚度为 2.0 m，灌浆孔孔距 1.5 m，排距为 1.1 m。地下连续墙内的灌浆孔通过预埋灌浆管形成。

北岸竖井地下连续墙采用液压铣削成槽，将墙段分一期槽和二期槽间隔施工，一期槽墙段与二期槽墙段采用铣接头，为防止由施工误差造成的接头漏水，拟于墙外采用高压喷浆封闭接缝，作为预案措施。

2. 自凝灰浆辅助防渗圈

在北岸施工竖井基坑外侧 10 m 处设置一道自凝灰浆防渗墙，平面呈椭圆形，将北岸两个施工竖井维护在其内。自凝灰浆防渗墙顶高程 104.5 m，底高程 34.0 m，插入壤土层中。该措施具有工艺简单、工期短、造价低的特点，可改善超深基坑的受力条件，降低封水、排水中的风险，为基坑施工增加了应急保证措施。2005 年 11 月 8、9 日由南水北调中线干线工程建设管理局组织，在郑州召开了穿黄工程竖井地连墙及自凝灰浆墙施工技术专题讨论会，将自凝灰浆防渗墙调整为灰浆防渗墙方案。

在自凝灰浆防渗墙与竖井之间，共布置 6 个钻孔直径为 600 mm 的降水管井，降水管井钻孔顶高程 105.6 m，底高程 78.0 m。

实际施工时，利用设置在自凝灰浆防渗墙与地下连续墙之间的降水管井降水，降低了高喷封底施工平台高程，并成功处理了施工竖井的基坑漏水问题。

3. 井底排水

高喷封底一方面可以改善地基土体的物理力学指标，提高地基承载力，另一方面，根据计算，可使地下连续墙的变形大大减小，故对南、北岸施工竖井开挖面以下 4 m、6 m 深度范围内高喷加固，以减小地下连续墙的最大弯矩。

在地下水的长期作用下，施工竖井钢筋混凝土底板以下的渗透水头将与井外地下水位平衡。穿黄工程施工期长，底板下可能形成很高的渗透水压力，故施工期间需利用管井排水降低作用在施工竖井钢筋混凝土底板上的水压力。由于整个基坑被防渗体封闭，基坑内的抽水量不大，每个施工竖井内布置 2 口降水管井。降水管井钻孔孔径 600 mm，管井底高程 44.0 m，即下至施工竖井井底高压喷浆加固区以下。

4.1.4 竖井施工方案

1. 地下连续墙围护结构施工

穿黄隧洞北岸施工竖井地下连续墙全长 76.6 m，根据地质条件、墙深及工期要求，地下连续墙槽孔建造比较了钻劈法、钻抓法、液压铣槽机法等施工方案。招标设计及前期施工设计中，考虑到市场中双轮铣设备少，从施工技术和可行性角度推荐采用钻抓法施工，墙体按槽段分两期施工，Ⅰ、Ⅱ 期槽段间采用 V 形钢板或十字形钢板接头，形成封闭的支护及防水结构。在实际施工过程中，建设管理部门选择了双轮铣成槽工艺，相应的 Ⅰ、Ⅱ 期槽段间则调整为铣接头。

地下连续墙钢筋笼采用分节制作、槽口焊接方式安装，Ⅰ 期槽段钢筋笼安装的垂直精度不大于 1/1 000。

为确保大深度施工中的混凝土质量，要求在钢筋笼插入前对槽内护壁泥浆进行置换，除去槽底沉渣。混凝土使用导管法浇筑，确保混凝土的质量。

2. 竖井开挖与内衬施工

地下连续墙形成后，按设计要求分层开挖基坑土体，并浇筑钢筋混凝土内衬，开挖步长 3 m。内衬混凝土达到规定的强度后才能继续开挖基坑（内衬与地下连续墙一起形成对基坑四周土体的支护，使基坑开挖顺利进行）。竖井内土方采用抓斗型挖掘设备开挖，内衬混凝土采用混凝土泵浇筑。

3. 竖井封底

基坑开挖至封底高喷施工平台后，分两序进行高压喷射灌浆封底加固和井底防水。待高压喷射灌浆封底加固体达到设计强度要求后，将井底开挖至设计底高程，并浇筑竖井钢筋混凝土底板。

4.2 竖井结构计算

4.2.1 竖井设计标准与基本参数

施工竖井结构计算包括地下连续墙、内衬、底板的受力与变形计算。

1. 设计标准

施工竖井基坑支护结构设计按行业标准《建筑基坑支护技术规程》（JGJ 120—99）[①] 进行。施工竖井基坑侧壁的安全等级定为一级，按规范，抗倾覆稳定性安全系数为 1.20。

按照一级基坑标准，围护墙体结构施工期的最大水平位移量应≤2‰，同时参考已建基坑水平位移控制标准，竖井基坑深度约为 50 m，确定本工程墙体的整体水平位移允许值为 15 mm，墙顶位移控制值为 10 mm；基坑底部隆起量应≤3‰，即 15 mm。

2. 基本参数

1）水土压力

工程地基主要为砂土与粉土，采用水土分算法计算土体侧向压力，土体抗剪强度采用直剪快剪指标，土体侧向压力相对偏大。

在基坑开挖过程中采用逆作法内衬支护地下连续墙，地下连续墙顶底端位移小，开挖面附近位移大，在计算土体侧向压力时，开挖面以下土体的垂直压力保持不变。

武汉阳逻长江大桥北锚锭基坑的整体移动充分说明水土压力的不对称性是圆形筒体基坑支护结构设计必须考虑的问题。本工程参照交通工程、给排水工程、矿山工程等相关规范方法处理竖井结构的偏载问题。为封闭隔渗基坑，不考虑渗流影响，水压力按静水位考虑。施工期仅考虑基坑外侧设计水位水压力。作用于围护墙上主动土压力侧的水压力，在基坑内地下水位以上的部分按静水压力呈三角形分布计算，在基坑内地下水位以下的水压力改按矩形分布计算（即水压力为常量）；不计作用于围护墙被动土压力侧的水压力。

2）弹性抗力系数

结合竖井支护结构环形布置、内外衬结构、地下连续墙施工等特点，设计按以下情况考虑支护结构的拱效应。

（1）不计地下连续墙刚度，内衬刚度不折减。

（2）考虑泥皮影响，折减地下连续墙刚度，内衬刚度不折减。

（3）考虑泥皮影响，折减地下连续墙刚度，考虑偏心荷载影响，内衬刚度减半。

[①] 工程设计时采用该标准。

（4）地下连续墙与内衬刚度均不折减。

（5）地下连续墙与内衬刚度均折减二分之一。

穿黄工程竖井内衬厚 0.8 m，采用逆作法施工，在盾构机出洞口附近内衬加厚至 1.5 m。内衬的弹性抗力系数的计算方法同地下连续墙。

大量基坑工程的实测表明，地下连续墙向坑内的水平位移很难达到 1%的基坑开挖深度，因此基坑内墙前的土压力介于静止土压力和被动土压力之间，故对基坑内开挖面以下土体作用在地下连续墙上的这种土压力状态以水平弹簧支座模拟。地基土水平弹簧支座的压缩刚度 $p(z)=k(z)hb$，$k(z)$ 为地基土水平抗力系数，采用 $k(z)$ 随深度线性增加的假定，$k(z)=mz$，即"m"法，其中 m 为地基土水平抗力系数随深度变化的比例系数，本工程比例系数 m 按经验取值，z 为基坑开挖面以下计算深度，b、h 分别土体弹簧的水平向和垂直向计算间距，地下连续墙底的反力以垂直弹簧支座模拟。

地基土水平抗力系数如何正确确定，是一个未完善解决的问题，目前，可参照相关规范确定。松散的砂土的水平抗力比例系数取 2 000 kN/m^4。稍密的砂土的水平抗力比例系数取 4 000 kN/m^4。中密的砂土的水平抗力比例系数取 5 000 kN/m^4。密实的砂土的水平抗力比例系数取 6 000 kN/m^4。高喷加固体的水平抗力系数参考密实的砂性土取 75 000 kN/m^3。

地下连续墙垂直位移仅受墙底地基土垂直抗力系数 K_v 的影响，地下连续墙底为粉质壤土，液性指数为 0.4，K_v 的设计取值为 30 000 kN/m^3。

4.2.2 竖井结构计算方法

地下连续墙采用弹性地基梁杆件有限元计算模型，利用结构设计通用软件进行墙体内力及变形的计算。

1. 地下连续墙与内衬的工作关系

在竖井内衬施工前，地下连续墙已完成，埋在土中，在竖井开挖前处于受力平衡状态；内衬采用逆作法施工，伴随开挖过程，仍在土中的墙段考虑土的抗力作用，已开挖但未形成内衬的墙段不考虑抗力作用，已完成内衬的墙段则考虑内衬的约束作用。

2. 竖井施工阶段划分

根据地下连续墙的稳定要求，需要对井底地基加固一定的深度。考虑到北岸竖井为超深竖井，为取得较好的加固效果，竖井宜下降到一定深度后，再采用高压喷浆加固井底地基。在地基处理期间，内衬暂停施工，让高压喷浆机进入井内施工，以减小钻孔深度。地基经高压喷浆处理后，采用加固后的地基参数进行计算。此外，为全面检验隧洞工程质量，还需进行充水试验。据此，竖井划分如下三个工作阶段。

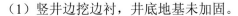

（1）竖井边挖边衬，井底地基未加固。

（2）竖井边挖边衬，井底地基已加固。

（3）竖井内衬已完成，充水检验。

3. 施工过程中支护结构的模拟与加载方法

根据以上计算假设，以及地下连续墙与内衬的工作关系，竖井结构计算方法的要点如下。

（1）地下连续墙按单宽竖直杆件模拟，杆底端设一竖向弹性链杆，用来考虑其竖向变形。

（2）对于已成环的内衬，采用弹性链杆考虑对地下连续墙的成拱支撑作用，相应的弹性链杆支撑刚度采用式（4.2.1）～式（4.2.3）计算。

$$D_i = \alpha k_i b_q s_i \tag{4.2.1}$$

$$s_i = \frac{l_{i+1} + l_{i-1}}{2} \tag{4.2.2}$$

$$k_i = \frac{(1 - \mu_i^2) E_i h_i}{2} \tag{4.2.3}$$

式中：D_i 为 i 号链杆支撑刚度；α 为刚度折减系数；b_q 为地下连续墙计算宽度；s_i 为 i 号链杆模拟范围；l_{i+1}、l_{i-1} 为 i 号链杆分别与 $i+1$ 号链杆和 $i-1$ 号链杆的距离；r_i、h_i 分别为内衬于 i 号链杆模拟范围的半径和径向厚度；k_i、E_i、μ_i 分别为内衬于 i 号链杆模拟范围的弹性抗力系数、弹性模量和泊松比。

（3）尚埋在土体中的地下连续墙段，采用弹性链杆考虑土体对墙段的支撑作用。计算方法与（2）类同，但 k_i 应取土体于 i 号链杆模拟范围的弹性抗力系数。

（4）开挖范围的地下连续墙段，不考虑土体对墙段的支撑作用。

（5）逆作法施工过程：竖井外部水、土压力及井内土压力分别以分布荷载施加到地下连续墙上。

（6）充水检验工况的竖井内水压力，施加在模拟内衬作用的结点上。

（7）采用通用有限元程序对地下连续墙进行杆系结构计算。

（8）视地下连续墙链杆模拟范围的内衬为一闭合圆环，将链杆反力视为圆环径向荷载，以此计算内衬轴向力。

（9）根据计算结果分别配置地下连续墙和内衬钢筋。

4.2.3　竖井结构主要计算成果

1. 地下连续墙内力

根据竖井基坑开挖内衬一次施工深度（3.0 m），分步计算地下连续墙和内衬结构的内力与变形。井内开挖期间地下连续墙内力主要计算成果见表4.2.1。

表4.2.1 各工况地下连续墙内力、墙体位移特征值汇总表

| 序号 | 工况 | | 最大正弯矩 | | 绝对值最大负弯矩 | | 绝对值最大剪力 | | 地下连续墙位移 | |
	井底地基	井内开挖高程/m	高程/m	弯矩/(kN·m)	高程/m	弯矩/(kN·m)	高程/m	剪力/kN	高程/m	位移/mm
1		81.5	86.75	1 264.7	80.00	−754.4	85.25	−855.4	墙底	7.95
2		78.5	83.75	1 501.6	77.00	−892.5	82.25	−1 019.8	墙底	9.41
3		75.5	80.75	1 739.1	72.50	−991.2	79.25	−1 182.8	29.0	10.87
4	未加固	72.5	77.75	1 977.0	71.00	−1 168.0	76.25	−1 347.2	29.0	12.33
5		69.5	73.25	2 954.4	66.50	−1 297.1	73.25	−1 680.2	29.0	13.73
6		66.5	73.25	2 258.9	65.00	−1 445.2	70.25	−1 675.9	29.0	13.73
7		63.5	67.25	2 521.0	62.10	−1 503.7	67.25	−1 839.4	29.0	16.61
8		63.5	67.25	2 140.2	62.10	−2 318.6	67.25	−1 929.2	29.0	16.61
9	已加固	60.7	64.25	1 916.0	59.35	−2 282.8	64.25	−1 968.4	29.0	20.05
10		58.0	64.25	1 485.8	58.00	−1 854.9	61.40	−1 800.9	29.0	21.38
11		55.5	60.025	2 376.6	41.50	−852.2	58.675	−1 806.3	29.0	22.56

注：弯矩以井内缘受拉为正，井外缘受拉为负；剪力以顺时针为正，逆时针为负；位移以向井内位移为正，向井外位移为负。

2. 支护结构配筋

1）地下连续墙配筋

本着运用安全、方便施工、经济合理的原则，对地下连续墙的钢筋分段配置；第一节为高程76 m以上墙段，考虑钢筋锚固长度，选用高程72.5 m截面的内力为代表进行计算；第二节为高程52～76 m墙段，选用最不利的高程69.5 m截面的内力为代表进行计算；第三节为高程52 m以下墙段，选用最不利的高程59.35 m截面的内力为代表进行计算。各分段配筋计算成果见表4.2.2。

表4.2.2 各分段配筋计算成果表（全部计入地下连续墙自重）

分段	轴力/kN	弯矩/(kN·m)	混凝土抗压强度设计值/(N/mm²)	钢筋抗拉、抗压强度设计值/(N/mm²)	截面宽度/mm	截面高度/mm	保护层厚度/mm	受压状态	计算的配筋面积/mm²
第一节	1 038	1 977	15	310	1 000	1 500	80	大偏心受压	4 977
第二节	1 203	2 954	15	360	1 000	1 500	80	大偏心受压	7 097
第三节	2 095	1 617	15	310	1 000	1 500	80	大偏心受压	2 840

2）内衬配筋

在进行内衬结构配筋计算时，将竖井内衬视为闭合圆环，将杆系有限元中地下连续墙与竖井之间的弹性链杆内力作为施加在竖井内衬外壁面的荷载，计算内衬的内力，作为竖井内衬配筋内力。内衬计算宽度按链杆模拟范围确定。经计算，内衬配筋情况见表 4.2.3。

表 4.2.3　荷载按对称分布时内衬配筋计算

高程/m	轴力/kN	混凝土抗压强度设计值/（N/mm²)	钢筋抗拉、抗压强度设计值/（N/mm²)	截面宽度/mm	截面高度/mm	保护层厚度/mm	配筋面积/mm²
85.25	7 906	15.0	310	1 500	800	50	2 250
82.25	9 434	15.0	310	1 500	800	50	2 250
79.25	10 969	15.0	310	1 500	800	50	2 250
76.25	12 504	15.0	310	1 500	800	50	4 457
73.25	18 115	23.5	360	1 500	1 500	50	4 350
70.25	18 834	23.5	360	1 600	800	50	2 400
67.25	23 244	23.5	360	1 600	800	50	15 274
64.25	23 830	23.5	360	1 600	800	50	19 047
61.40	20 119	23.5	360	1 600	800	50	3 067
58.68	18 308	23.5	360	1 350	1 500	50	3 915

4.3　北岸竖井加固设计

4.3.1　加固方案

北岸竖井加固主要包括：盾构始发洞口结构加固、井底土体加固、井外土体加固。

1. 盾构始发洞口结构加固

北岸竖井盾构始发洞口高度 9.4 m，在此范围内衬不能形成环向结构，对竖井结构受力极为不利。为此，在洞口范围加设临时支撑梁，使内衬保持环向作用。临时支撑梁共三道，支撑梁与内衬厚度相同，竖向以不影响竖井内衬分层施工为前提布置，要求伴随内衬逆作法施工过程发挥应有的作用。支撑梁自上而下，第一道高程 69.5～71.1 m，第二道高程 66.5～68.1 m，第三道高程 63.5～65.1 m。图 4.3.1 为北岸竖井盾构始发洞口临时支撑梁布置简图。

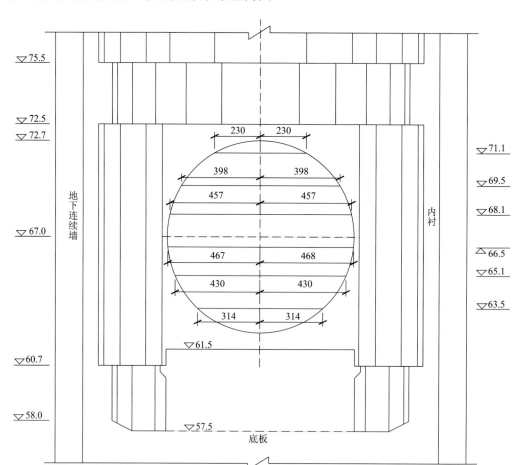

图 4.3.1　北岸竖井盾构始发洞口临时支撑梁布置简图（尺寸单位：cm；高程单位：m）

2. 井底土体加固

1）井底加固作用

穿黄隧洞北岸竖井采用地下连续墙围护，使用逆作法修建内衬，竖井底部加固应满足以下四方面的要求：其一，提高地下连续墙抗倾覆稳定性；其二，改善地下连续墙在竖井底部附近墙体的受力条件；其三，减少基坑开挖面回弹；其四，减少井底涌水量。

2）加固方案选择

北岸竖井基坑底部 10 m 范围为细砂层和中砂层，对以下加固方案比选后确定。

（1）换填垫层法、预压法、强夯法、紧密砂桩法、石灰桩法、振冲法、碎石桩法、柱锤冲扩桩法等均属于对表层地基的处理方法；不能在开挖到达基底前发挥上述四方面的作用，故不宜采用。

（2）水泥土搅拌法：一般认为水泥土搅拌湿法的加固深度不宜大于 20 m，干法不宜大于 15 m，因此就一般机具而言，无法对北岸竖井基坑底部埋深 50.6～60.6 m 进行加固，也不宜选用。

（3）冻结法：可在竖井基坑下降一定深度后实施，但因其费用较其他方法高出 2～3 倍，故未选用。

（4）高压喷射注浆法：竖井位于宽阔的黄河北岸漫滩，地下水向北岸补给，流速低，根据《建筑地基处理技术规范》（JG 79—2002）[①]，采用该法处理砂土是合适的。施工过程中，根据工程条件和土质条件，并通过现场试验可以分别采用单管法、双管法和三管法，不会对相邻竖井和建筑物造成不利影响；该法的缺点是当处理深度较大时，孔径将随深度减小，加上孔斜的因素，为避免深部开裤衩的现象，也要求加大钻孔的搭接量，将增加处理工程量。

经综合比较，采用高压喷射注浆法加固井底地基。

3. 井外土体加固

井外土体加固两处：其一，加固反力座范围的土体；其二，加固近洞口侧土体。两处加固均是对结构加固的配合，以确保盾构安全始发。

反力座范围的土体加固区的顶面高程、底面高程分别为 75.50 m 和 55.50 m，加固高度为 20 m，宽度为 13 m，与井内反力座范围相同，加固区沿盾构前进反方向厚 10 m。加固目的是提高土体弹性抗力系数，使其更多地发挥传递盾构反力的作用，可以起到保障盾构安全出洞的作用。

近洞口侧土体加固区的顶面高程、底面高程分别为 81.15 m 和 55.50 m，高于出洞口顶部 9.45 m，低于出洞口底部 6.8 m，加固区总高度为 25.65 m；加固区宽度为 23.32 m，沿盾构前进方向厚 11.5 m。加固目的主要是增强该范围土体的自稳能力，减小地下连续墙的土压力，此外，加固后随着土体弹性抗力系数的提高，也可起到改善地下连续墙受力的作用，竖井安全更有保障。

由于井外土体加固需在地面进行，最大加固深度均为 50 m，具有加固深度大，并在盾构始发前完成的要求。因此，与竖井底部加固一样，经综合比较，推荐采用高压喷射注浆法加固。

4.3.2　高压旋喷加固设计

1. 高压旋喷加固范围

竖井土体加固范围见图 4.3.2、图 4.3.3。

---

① 工程设计时采用该标准。

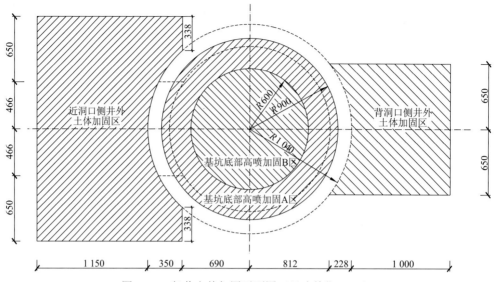

图 4.3.2　竖井土体加固平面图（尺寸单位：cm）

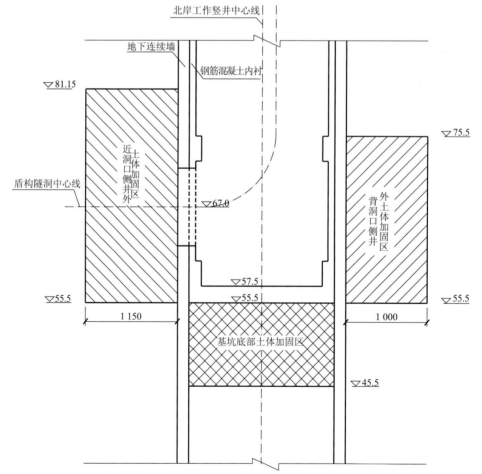

图 4.3.3　竖井土体加固剖面图（尺寸单位：cm；高程单位：m）

2. 高压旋喷桩布置

竖井高压旋喷桩单个桩柱的直径不宜小于 1.0 m，呈梅花形布置，要求桩间完全搭接，不留孔隙，搭接长度不小于 20 cm，详见图 4.3.4。钻孔、喷浆的有关参数、材料、设备性能及施工工艺措施经现场验证性试验后确定。

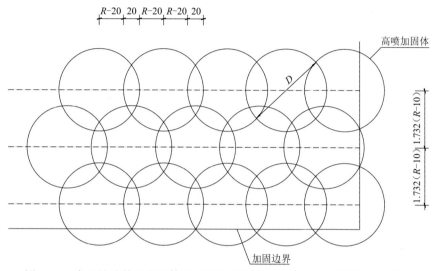

图 4.3.4　高压旋喷桩孔布置简图（R 为旋喷桩的半径，D 为旋喷桩的直径）

3. 高压旋喷施工平台

竖井外高压旋喷施工在竖井工作平台进行，地面高程为105.6 m；竖井基坑底部加固施工平台可随竖井内衬的开挖下降分两序设置，图 4.3.5 为两序施工布置图。第一序施工 A 区，施工平台高程为 96.5 m，第二序施工 B 区，施工平台高程为 72.0 m。由于第二序施工的钻孔深度大大减小，既方便施工，又有利于高喷施工质量。

4. 高压旋喷加固体质量指标

高压旋喷加固体质量指标必须满足下列要求。
（1）抗压强度：$R_{28} \geqslant 3.0$ MPa。
（2）抗折强度：$T_{28} \geqslant 0.8$ MPa。
（3）初始切线模量：$E_0 = 500 \sim 800$ MPa。
对于竖井基坑底部地基加固体，还必须满足下列要求。
（1）高喷体渗透系数：$k \leqslant 1 \times 10^{-5}$ cm/s。
（2）高喷体允许渗透坡降：$J > 50$。
（3）高喷体抗剪强度指标：黏聚力 $C \geqslant 750$ kPa，内摩擦角 $\varphi \geqslant 40°$。

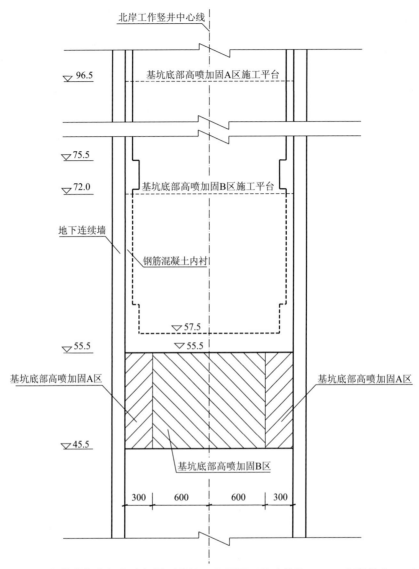

图 4.3.5　竖井基坑底部高喷加固两序施工布置图（尺寸单位：cm，高程单位：m）

第 5 章

穿黄隧洞工程施工

5.1 盾构隧洞施工

5.1.1 施工概况

1. 施工基本条件

穿黄隧洞长 3 450 m，邙山隧洞长 800 m，采用双洞方案，单洞直径 7.0 m。隧洞轴线竖向布置南高北低，南岸始端断面的中心高程为 70.00 m，北岸末端断面的中心高程为 65.00 m，盾构隧洞自北岸向南推进。

该线主河槽最低高程 98.6 m，距始端约 800 m，此处隧洞上覆土厚度最小，约为 25.8 m；根据地质剖面，盾构隧洞未能全部埋置在粉质壤土和粉质黏土中，桩号 7+108.57 以南 1 450 m 的洞段纵坡为 2.00‰，以北 2 000 m 的洞段纵坡为 1.00‰。

隧洞采用双层衬砌结构，外层为装配式普通钢筋混凝土管片结构，厚 40 cm，内层为现浇预应力钢筋混凝土整体结构，厚 45 cm，中间为弹性防水垫层。隧洞底部设行车道，宽 3.1 m，可供检修车辆洞内行走，车道两侧各有宽 20 cm 的排水沟，用于排放检修期间的渗漏水。

车道平台内有三根埋管，中间一根直径 250 mm，用于光纤过黄河，并可将内衬渗漏水排入北岸竖井内的集水井；两侧埋管直径 200 mm，用于安全监测导线引出。

2. 穿黄隧洞施工程序

穿黄河段南岸邙山临河，北岸为广阔的漫滩，穿黄隧洞南高北低；经研究，盾构施工由北向南推进，既有开阔的施工场地布置附属企业，又有利于施工排水。根据盾构施工的需要，北岸需布置盾构始发竖井，为加快工程进度，南岸河边布置中继井，穿黄隧洞布置及施工程序如下。

（1）在北岸和南岸各建一个竖井。

（2）盾构在北岸竖井安装就位。

（3）盾构在北岸竖井始发。

（4）盾构沿设计轴线向南岸竖井掘进，同时安装管片环。

（5）盾构完成过河洞段掘进后，进入南岸竖井检修。

（6）盾构自南岸竖井始发，开始邙山段掘进。

（7）盾构完成邙山段掘进。

（8）隧洞预应力内衬施工。

（9）进出口建筑物施工。

（10）南岸竖井拆除。

5.1.2　盾构设备造型

1. 穿黄隧洞地质条件

穿黄隧洞双线平行布置，上覆土层厚度 23～31 m，河床段主要穿越 Q_2 粉质壤土层和 Q_4^1 粉细砂和中砂层，邙山段穿越 Q_3 黄土状粉质壤土和 Q_2 粉质壤土、古土壤层，其中 Q_4^1 粉细砂和中砂层中石英颗粒含量较高，达 40%～70%，并存在砾石和较大的卵石或树木，Q_2 粉质壤土层含有大量的钙质结核，对盾构机的正常掘进会有一定的影响。地层主要特征见表 5.1.1 和表 5.1.2。

表 5.1.1　过河隧洞段穿越地层主要特征

地层时代	层号	岩性	土体性状	隧洞围土分类			围土可挖性分级	
				类别	主要工程地质条件	开挖层稳定状态	单级	开挖方法
Q_4^1	④下	中砂	密实	I	中砂、细砂和砂砾石层中密—密实，饱水；泥砾层呈软塑状，淤质黏土呈软—流塑状	围土易坍塌、变形，涌水、涌砂	I	基本可以用铁锹开挖，泥砾层、砂砾石层需用镐刨松，机械能全部直接铲挖满载
		泥砾层	密实					
		砂砾石层	密实					
		淤泥质黏土	软—流塑					
	⑤	细砂	中密					
	⑩	含砾中砂	密实					
Q_2	㉕	粉质壤土	硬塑	II	粉质壤土和古土壤层呈可塑—硬塑状，含有大量的钙质结核和钙质结核富集层	围土顶部易坍塌，侧壁也易坍塌	III	用镐先刨松，才能用锹开挖，机械需刨松方可铲挖满载
	㉖	古土壤	硬塑					
	㉗	粉质壤土	硬塑					
	㉘	古土壤	硬塑					

续表

地层时代	层号	岩性	土体性状	隧洞围土分类			围土可挖性分级	
				类别	主要工程地质条件	开挖层稳定状态	单级	开挖方法
Q₂	㉙	粉质壤土	硬塑	II	粉质壤土和古土壤层呈可塑—硬塑状，含有大量的钙质结核和钙质结核富集层	围土顶部易坍塌，侧壁也易坍塌	III	用镐先刨松，才能用锹开挖，机械需刨松方可铲挖满载
	㉚	古土壤	硬塑					
	㉛	粉质壤土	硬塑					

表 5.1.2 邙山隧洞段穿越地层主要特征

地层时代	层号	岩性	土体性状	隧洞围土分类			围土可挖性分级	
				类别	主要工程地质条件	开挖层稳定状态	单级	开挖方法
Q₃	⑨下	黄土状粉质壤土	软—可塑	I	土体呈软—可塑状，饱水	围土易坍塌变形	I	基本可以用铁锹开挖，机械能全部直接铲挖满载
Q₂	⑲	古土壤	硬塑	II	粉质壤土和古土壤层呈可塑状—硬塑状，含有大量的钙质结核和钙质结核富集层	围土顶部易坍塌，侧壁也易坍塌	III	用镐先刨松，才能用锹开挖，机械需刨松方可铲挖满载
	⑳	粉质壤土	硬塑					
	㉑	粉质壤土	硬塑					
	㉒	古土壤	硬塑					
	㉓	粉质壤土	硬塑					
	㉔	古土壤	硬塑					
	㉕	粉质壤土	硬塑					
	㉖	古土壤	硬塑					
	㉗	粉质壤土	硬塑					

2. 盾构机选择

穿黄隧洞穿越河床覆盖层，土层软弱，地下水位高，根据不同盾构形式适用的土层条件，不宜采用开敞式盾构，宜采用封闭式盾构，主要包括土压平衡盾构机和泥水平衡盾构机两种，其工作特性分述如下。

1）土压平衡盾构机

土压平衡盾构机由刀盘切削土层，切削后的泥土进入土腔，土腔内的泥土与开挖面压力取得平衡，盾构推进时，用螺旋输送机排土。其主要适用于两种地质情况：一种是适用于内摩擦角小，且易流动的淤泥、黏土等黏性土层；另一种是适用于内摩擦角大，不易流动、透水性大的砂、砂砾石等砂质土层。工程实践中，土压平衡盾构机多应用于开挖面自稳性好，渗透系数小，水压力较低的地层，且因施工过程连续性差，效率低，刀头磨损量大，更换次数多，不适用于长距离施工。

2）泥水平衡盾构机

泥水平衡盾构机向泥水舱注入泥水，并通过加压保持开挖面稳定，适用于软弱的泥质土层，松动的砂土层、砂砾层、卵石层，砂砾和坚硬土互层等多种地层。工程实践中，泥水平衡盾构机主要应用于开挖面自稳性差、渗透系数大、水压力较高的地层，而且刀盘与开挖面土体间充填了泥浆，使摩擦系数降低，刀头磨损量减小，掘进效率高，适用于长距离掘进施工。

土层条件与盾构选型见图 5.1.1。

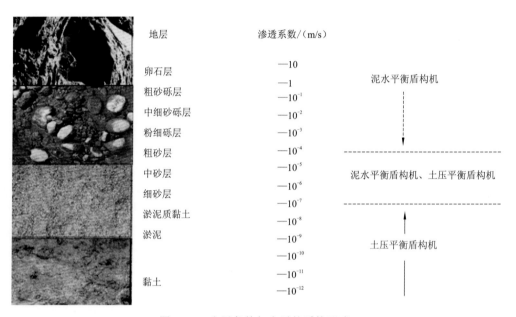

图 5.1.1　土层条件与合适的盾构形式

3）推荐盾构机形式

根据表 5.1.1 和表 5.1.2 中的地层特征，考虑到穿黄隧洞断面大，穿越透水砂层，泥水平衡盾构机更为合适；参照国外类似工程的经验和国内外专家意见，在初步设计报告中，推荐采用泥水平衡盾构机。

国内外采用泥水平衡盾构机施工的大型隧洞的几个实例见表 5.1.3。

表 5.1.3　国内外采用泥水平衡盾构机施工的大型隧道实例

隧道名称	盾构直径/m	隧洞长度	时间	地层情况
上海延安东路复线隧道	11.22	1 310 m	1994 年开工	饱和含水淤泥质黏土、粉质黏土、粉砂

续表

隧道名称	盾构直径/m	隧洞长度	时间	地层情况
上海大连路越江隧道	11.22	2 565 m	2001 年开工	灰色淤泥质黏土、灰色粉质黏土、灰色黏土
上海复兴东路越江隧道	11.22	1 214 m	2001 年开工	灰色黏质粉土、淤泥质黏土
上海翔殷路越江隧道	11.58	南线 1 498 m 北线 1 483 m	2003 年 6 月开工	饱和含水淤泥质黏土、粉质黏土、粉砂
上海沪崇苏过江隧道	15.20	8 500 m	2004 年开工	饱和含水淤泥质黏土、粉质黏土、粉砂
武汉长江隧道	11.38	2 537 m	2005 年开工	淤泥质黏土、粉细砂、中粗砂、卵石
日本东京湾海底公路隧道	14.14	2.5 km 与 2 km 对接	1989 年开工	冲洪积黏土层
日本神田川地下调节池隧道	13.94	一期 2 000 m，二期 2 500 m	一期 1988 年开工，二期 1993 年开工	黏土、砂层、粉砂层、砂砾层
日本东京都污泥处理厂连接隧道	9.50	3 300 m	1982～1985 年	黏土砂层，含水量高，具有流动性

3. 穿黄隧洞盾构机主要技术参数

建设单位委托中技国际招标有限公司主持穿黄隧洞盾构机采购招标工作，德国的 Herrenknecht AG 中标，Herrenknecht AG 提供的盾构机的主要性能见表 5.1.4。

表 5.1.4　穿黄隧洞盾构机主要技术参数表

主部件名称	细目部件名称	参数
	形式	泥水平衡盾构机
	主机长	10.97 m
	前盾直径、钢板厚度	9 000 mm/80 mm
盾壳	钢丝刷密封数量	4 道
	紧急密封数量	1 道
	紧急膨胀密封数量	1 道
	盾尾间隙	40 mm
刀盘	开挖直径	9 000 mm（新滚刀 9 030 mm）
	换刀方式	背装
刀盘驱动	驱动形式	电动、变频驱动

主部件名称	细目部件名称	参数
刀盘驱动	转速	0~2.6 r/min
	最大扭矩	8 876 kN·m
	脱困扭矩	9 467 kN·m
推进系统	最大总推力	60 344 kN
	油缸数量	2×14 个
	油缸行程	2 300 mm
	最大推进速度	60 mm/min
人舱	舱室数量	2 个
	工作压力	0.6 MPa
管片安装机	起吊能力	72 kN
	形式	真空式
	驱动方式	液压
	自由度	6
	移动行程	2 300 mm
	旋转角度	±200°
	控制方式	无线控制，有线控制用于紧急状况
	满负荷时的旋转速度	0~1 r/min

5.1.3 盾构始发施工

1. 洞口段加固施工

盾构机在始发段范围内基本处于中粗砂层中。此地段地下水压最大为 0.45 MPa，是典型的富水砂层地质条件，为确保盾构机顺利始发，下游线隧洞采用高压旋喷灌浆加固，上游线隧洞除此还增加了两种加固措施——素混凝土贴墙和洞口段冷冻，均顺利始发。

2. 始发设施的安装

1）反力座及始发台

反力座为钢筋混凝土结构，与北岸工作竖井同时浇筑；盾构始发基础为长 12 m 的

C30 钢筋混凝土条形基础，在始发基础顶部每隔 0.8 m 预埋一块钢板，便于固定始发架。盾构始发架采用钢结构形式，盾构始发台座及反力座结构见图 5.1.2。

图 5.1.2 安装好的盾构始发台座与反力座

2）负环管片及导轨安装

负环管片为钢管片，环宽 1 600 mm，肋高 400 mm。其中，$1^{\#} \sim 7^{\#}$ 负环，每环 5 片管片，顶部开敞，管片纵、横向均采用螺栓连接。负环管片侧面安装三角支撑，三角支撑与始发台用螺栓连接。盾构机始发前，与洞门相距 1.4 m，在洞门密封内侧架设长约 1.2 m 的两根导轨，以防止盾构机出洞门后刀盘下沉，导轨高度略低于始发支座导轨。负环钢管片总装图见图 5.1.3。

图 5.1.3 负环钢管片总装图

3. 洞门密封

为了防止盾构始发掘进时洞外水、土从盾壳和洞门的间隙涌入竖井，同时避免盾构泥水仓泥浆流失，在洞门安装了临时密封装置，详见图5.1.4。

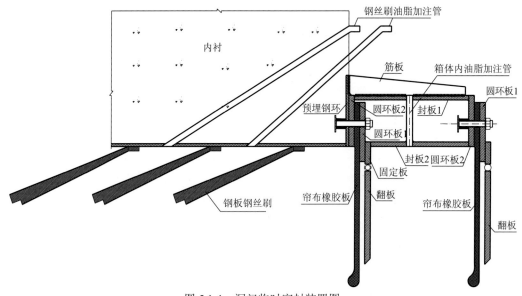

图 5.1.4　洞门临时密封装置图

当盾构刀盘全部通过第三道钢板钢丝刷密封后，开始向盾构泥水仓加压，使泥浆充满泥水仓，然后在两道帘布橡胶板及三道钢板钢丝刷之间利用预留注脂孔向内加注油脂，充满空隙，达到密封要求。

4. 洞门破除

洞门凿除是盾构施工期间有重大风险的工序之一。土体加固后应根据始发计划及时对土体的加固效果进行检查，检查内容包括加固土体强度、洞门处渗透性及土体的匀质性。当洞门土体加固效果不理想时，需从地面钻孔或从洞门水平钻孔采用压密注浆的方式进行补充加固。凿除施工时先破除临时支撑梁，然后对地下连续墙自上而下分层破除。

5. 盾构始发

盾构机洞内就位分三步进行：第一步盾构在井内组装始发。刀盘、盾体、主驱动组件、盾尾、管片安装机等在竖井底部安装为整体。第二步设备桥下井，并与主机连接。盾构机向前掘进 11.2 m，在拼装完第 7 环管片后，停止掘进；当时尚在地面的设备桥断开与后配套之间的连接，吊装设备桥下井，与主机连接。第三步，盾构机向前掘进 57.6 m（拼装完第 36 环管片）后，停止掘进，拖车下井，与设备桥连接，至此盾构全部下井就位。

盾构始发过程中，为确保盾构机能严格按照设计轴线向前推进，盾构合理的纠偏趋势原则上不大于±2‰。

5.1.4　隧洞掘进施工

穿黄隧洞长距离掘进，穿行于多种地层，特别要注意盾构姿态控制，以及盾构在不同地层中掘进参数的调整，以确保掘进顺利进行。

1. 过河洞段盾构姿态控制与纠偏

在盾构掘进过程中，由于多种原因，盾构姿态会有偏差，主要通过推进油缸按行程差（0～40 mm）进行姿态控制。为防止盾构不当纠偏造成的管片破损或盾尾变形（损坏钢丝刷），需要根据 Herrenkencht AG 设定的纠偏曲线，确定纠偏环数和参数，盾构机纠偏详见图 5.1.5。

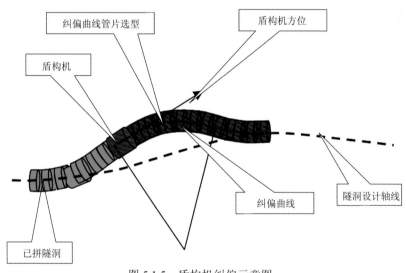

图 5.1.5　盾构机纠偏示意图

2. 邙山洞段盾构姿态控制与纠偏

邙山洞段为坡比达 4.87%的斜洞，而盾构机本身为直线形刚体，不能与曲线完全吻合。盾构爬坡相当于纠偏，曲线半径越小，纠偏量越大，纠偏灵敏度越低，轴线越难于控制。结合斜洞坡度、地质条件，经研究采取如下措施：①分区操作盾构机推进油缸；②为防止管片与盾尾发生挤压破坏，最小盾尾间隙按 6 mm 控制。最终顺利完成了邙山洞段的掘进施工。

3. 盾构掘进施工参数

盾构掘进施工参数应根据所通过的地层条件合理选定。

（1）全砂层掘进施工参数：砂层渗透系数较大，浆液损耗量较大，浆液的制备必须与掘进速度相匹配。

（2）上砂下土层掘进施工参数：黏土层易产生泥饼，使盾构推力、扭矩均大幅度提高；切削后的泥土重新拌和后易吸附结块，堵塞排浆通道，掘进中应待排浆通畅后才继续掘进。

（3）全黏土层和砂砾石层掘进施工参数：按切削掌子面后基本能维持自稳选定。为防止开挖仓堵塞，应采用低黏度、低密度的泥浆，同时，加大冲刷力度，确保排浆畅通。

4. 刀具更换

穿黄隧洞下游线自盾构机进入黏土层后，掘进参数发生明显变化，扭矩明显增大，掘进速度非常缓慢，当盾构掘进至第 848 环时，桩号 7+746 处已发现从泥水分离系统筛分出的铲刀、刮刀、油管、螺栓等部件的碎片，为此进行了刀具更换。

1）更换方式

根据带压进舱检查情况，初步判断刀具及刀盘磨损较为严重，由于穿黄隧洞地质条件复杂，地层中卵石、钙质结核含量大，对刀盘磨损大，已磨损的刀盘不能胜任后续隧洞施工工作，需对刀盘进行修复及改造。

刀盘修复及改造需动火作业，而在高压下进行动火作业非常危险且不易操作，为了安全，决定刀盘修复及改造在常压下进行。

为防止在盾构常压修复刀盘作业时地下水渗透到盾构刀盘工作区域，造成刀盘周边涌水及土体塌方，需对盾构机周围土体进行加固和降水。桩号 7+746 处盾构机上方有 27.8 m 的砂层，地下水位高，水量丰富，加固及降水施工难度大。为此决定在盾构机周边建一道搅拌桩防渗墙，作为止水帷幕，并对盾构刀盘前部和尾部周围土体进行加固。加固采用三轴搅拌桩施工，待加固完成后，在止水帷幕内外对土体进行降水，降水完成后再进行常压下刀盘修复及改造工作。

2）工程地质补充勘查

施工场地位于焦作温县东南部黄河滩内，为耕植地，地形平坦，四周开阔。施工场地内平台高程为 103.02 m。

首先对盾构换刀加固区域进行了地质补充勘查，通过地质钻孔揭露地层岩性，并参考南水北调中线穿黄工程招标文件中所附相关地质资料，对地层结构进行分析。

经勘察，施工场地地下水位位于地面以下 4.00 m，地下水属潜水类型，由大气降水和黄河补给，并通过地表蒸发与地下渗流排泄。该地下水与黄河具有密切的水力关系，水位受气候变化影响较大，并具有一定的季节性变化规律。根据区域地质资料，该处水位年变化幅度在±2.0 m 左右。

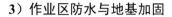

3）作业区防水与地基加固

由于穿黄隧洞盾构机埋深较大，地质情况复杂，止水帷幕距离盾构机近，加固深度达42 m，施工难度高。将地下连续墙作为止水帷幕，其距离盾构机较近，施工风险高，若插入深度不足，容易使连续墙底部形成管涌，造成工程事故。将搅拌桩防渗墙作为止水帷幕，则需解决搅拌桩适应施工深度浅的问题。普通的三轴搅拌桩的加固深度在30 m以内，超过30 m以后桩架的稳定性减弱，钻杆加接难度较大，而且搅拌动力等设备条件也限制了此工艺在深层地基加固领域的应用。为解决此难题，本工程使用日本三和株式会社生产的MAC-240-3B（ϕ850 mm）三轴搅拌机和预埋钻杆加接技术，以及配套的施工工艺，来解决三轴搅拌桩加固深度浅的难题。

由于此次加固使用的是三轴搅拌桩，其水泥掺量较双轴搅拌桩应适当提高，取土体重量的30%。在加固区顶至地表范围内，为保持原状土强度，加固土体水泥掺量为10%，桩身垂直度控制在<1/200。搅拌桩水泥浆液配比为水∶水泥＝1～1.8∶1，水泥采用强度等级为42.5的普通硅酸盐水泥。

本工程加固体28 d抗压强度≥1.5 MPa。加固体强度采用钻孔取芯的方法进行检验。水泥搅拌桩防渗墙渗透系数≤1×10^{-6} cm/s，确保搅拌桩防渗墙无间隙，并可靠连接成整体。

盾构后部搅拌桩防渗墙只能施工到隧道管片上方，不能与已拼装管片紧密相连，而此处正是砂层和粉质壤土层的交界处，有可能形成过水通道，因此，在隧道内部向隧道外部土体钻孔，对盾构后部搅拌桩防渗墙与已拼装管片间的通道进行冷冻封水。

4）常压修复盾构机刀盘、刀具

待搅拌桩施工完成15 d后，对防渗墙内土体进行降水。通过降水及时降低加固区域范围内土体中的地下水压力及加固区域外侧土体的主动土压力，减少搅拌桩变形，提高桩体稳定性，减小对周边环境的影响，降水完成后对加固区域进行开挖，从而常压修复盾构机刀盘、刀具。

根据经验确定的刀盘修复空间为刀盘90°开口范围内的土体，同时向刀盘外边缘扩展1.0 m，完成对刀盘外缘耐磨条的修复。在隧道轴线方向上，向刀盘面板前方开挖1.3 m，向刀盘面板后方开挖1.2 m，总开挖长度2.5 m。盾构所处位置的刀盘前方土体主要为粉质壤土、粉质黏土及钙质结核的胶结物。开挖空间最大跨度为10.68 m。根据上述条件，同时考虑施工的安全性、易操作性，确定采用中隔壁法进行开挖。刀盘修复及换刀工作持续时间较长，需要一个稳定持久的开挖空间，而且掌子面土体较不稳定，有可能存在较丰富的地下水。因此，采用隧道施工中的新奥法对掌子面进行支护。

开挖中利用喷射混凝土、锚杆、钢拱架、钢筋网联合支护，但不做二次衬砌。

钢拱架榀间距取0.5 m，共设5榀，钢拱架选用I20a工字钢；钢拱架连接筋为HPB235，ϕ20 mm，连接筋环向间距为1.0 m。支护锚杆间距1 m，长度3 m，拱、墙均布置，而且在背面周边布置，沿钢拱架边缘呈梅花形布置，锁脚锚杆采用 ϕ20 mm 药包锚杆；喷射混凝土设计厚度为 28 cm，设计强度等级为 C20。支护钢筋网采用 ϕ8 mm 钢筋，钢筋网格尺寸为 15 cm×15 cm，拱、墙均布置。

掌子面稳定后，人员进仓对刀盘刀具进行修复。修复的重点是刀盘的刀座、刀箱，使其能满足刀具切削土体时所需要的强度要求。对于受损的钢结构，进行补强，并增加耐磨保护条。

焊接的工艺流程：作业准备→切割坡口→定位焊接→打底焊接→保护焊焊接→低温后热处理（需要时）→焊缝检查。

为了使修复后的刀盘能更好地适应穿黄地质，特别是高含量的钙质结核层和砂卵石层，防止刀具受到冲击破坏，对原有的部分刀具进行改造，以保护刀盘边缘和刀座。具体方案为：先行刀更换为贝壳刀和改进型先行刀；6 把滚刀更换为齿刀；对边缘铲刀自身的耐磨性和强度进行加强，增加合金块；对合金头破坏的刮刀进行更换；加强中心刀的强度和耐磨性，并在中心刀轨迹上增加保护刀；在刀盘外边缘加装保护先行刀，并且在刀盘外缘各幅臂的钢结构、滚刀刀箱周围、刀盘的外边缘等位置增加耐磨板或耐磨块。

5.1.5 盾构到达施工

盾构机到达工序包括：洞门渗透性检查及加固处理、帘布橡胶板安装与洞门卡板、密封气囊安装及试验、接收基座浇筑及接收支架安装、地下连续墙破除，与始发措施基本相同，其中密封气囊布置参见图 5.1.6。除此之外，应低速掘进，同时控制好邻近段掘进参数，包括掘进速度、总推力、刀盘扭矩、刀盘转速及泥水仓压力等。

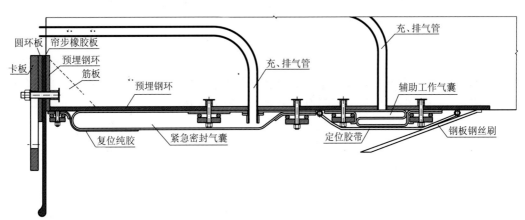

图 5.1.6 盾构到达密封气囊布置

2010 年 6 月 22 日、2010 年 9 月 27 日上游线穿黄隧洞和下游线穿黄隧洞分别全线贯通，误差仅 25 mm，满足不大于 50 mm 的设计要求。

5.2 隧洞内衬施工

5.2.1 施工方案选择

1. 衬砌施工工艺选择

在建设单位组织下,结合当时施工队伍的技术条件,对内衬混凝土浇筑工艺和选用的钢模台车形式进行研究、讨论。施工单位认为,采用全断面衬砌一次成形的施工工艺,仰拱部位及两侧腰线以下 120° 范围内的混凝土在浇筑时气体难以排出,聚集在模板表面会形成气膜,脱模后混凝土表面存在大量气孔,致使表面质量较差;采用二次成形施工工艺,先浇筑车道平台,再用平移式钢模台车浇筑边顶拱,混凝土表面质量问题和施工进度可一并解决。

2009 年 10 月 15 日,南水北调中线干线工程建设管理局在郑州组织召开了穿黄隧洞衬砌施工技术研讨会,与会专家肯定了先浇筑车道平台、后浇筑边顶拱的二次成形施工工艺,并认为在当前技术条件下,其更有利于解决混凝土质量问题;同时,由于平台先形成,有利于根据工程进度,布置多台平移式钢模台车。最后,建设单位决定采用二次成形施工工艺,并确定采用平移式钢模台车的施工方案。

2. 车道平台混凝土施工方案

穿黄隧洞内衬与外衬被排水弹性垫层分隔,但为防止内衬与外衬发生相对转动,在车道平台范围内不设垫层,采用整体浇筑;按后张预应力要求,在平台内预埋钢质波纹管;另外,按排放渗漏水、通信、监测要求,埋设三根聚氯乙烯(polyvinyl chloride,PVC)管道,并为安装通信光纤与监测电缆设置手孔。考虑防水要求,在初步设计阶段,在内衬结构缝处由内向外设有聚硫密封胶嵌缝、遇水膨胀橡胶条、紫铜止水片和集水花管,其后在施工过程中应专家要求,还在结构缝内表面采用聚脲封闭缝口;对于车道平台与边顶拱相接的施工缝,则预埋腻子型遇水膨胀橡胶止水条防水。

车道平台采用跳仓法浇筑混凝土,主要施工流程为:外衬螺栓孔回填→基础面清理→测量放样→PVC 管道埋设与手孔安装→外层钢筋绑扎→波纹管安装→结构缝集水管安装→止水安装→内层钢筋安装→端头模板安装→混凝土浇筑与养护→聚硫密封胶嵌缝→聚脲封闭内侧缝口。车道平台混凝土施工参见图 5.2.1 和图 5.2.2。

3. 边顶拱混凝土施工方案

边顶拱混凝土施工自隧洞中部分别向北、向南相背推进。为了加快施工进度,每个方向各布置 2 台平移式钢模台车,并采用跳仓法施工。

图 5.2.1　钢筋与波纹管架立图

图 5.2.2　混凝土浇筑图

施工流程为：外衬螺栓孔回填→管片聚硫密封胶嵌缝→底板两侧施工缝二次凿毛及清理→底板预埋钢筋除锈、校正→对应结构缝的排水花管安装→排水弹性垫层铺设→内衬渗水集水管安装→施工缝腻子型遇水膨胀止水条安装→高位槽以下排水垫层水泥浆涂刷→外层钢筋安装→波纹管接长与安装→先浇块止水铜片安装→内层钢筋安装→预留槽模板安装→后浇块接缝处遇水膨胀止水条安装→钢模台车校核→先浇块端头板安装加固→混凝土浇筑→拆模→混凝土养护及等强→聚脲薄膜封闭结构缝缝口。

在混凝土浇筑施工过程中，对波纹管进行通畅性检查，当发现漏浆或堵塞时，及时进行处理。

5.2.2　外衬螺栓孔回填

1. 外衬螺栓孔回填材料

腰线以下外衬螺栓孔采用 C35 微膨胀混凝土回填，腰线以上采用 C50 硫铝酸盐小石混凝土回填，其主要设计指标见表 5.2.1。其中，微膨胀混凝土的微膨胀技术参数见表 5.2.2。

表 5.2.1　微膨胀混凝土和硫铝酸盐小石混凝土主要设计指标

项目	混凝土强度等级	最大水灰比	级配	极限拉伸值（28 天）	坍落度/cm	抗渗、抗冻
内衬微膨胀混凝土	C35	0.40	—	≥0.90×10^{-4}	2～3	W12、F200
硫铝酸盐小石混凝土	C50	—	—	≥0.90×10^{-4}	2～3	W12、F200

表 5.2.2　微膨胀混凝土的微膨胀技术参数

龄期	水中 14 天	空气中 28 天	28 天
技术参数	限制膨胀率	限制干缩率	抗压强度
性能指标	≥3.0×10^{-4}	≤3.0×10^{-4}	≥35.0 MPa

通过试验，微膨胀混凝土配合比见表 5.2.3。硫铝酸盐小石混凝土配合比见表 5.2.4，其初凝时间在 10 min 左右，终凝时间在 20 min 左右，1 天强度达 34.9 MPa，7 天强度达 67.8 MPa，满足腰线以上螺栓孔回填混凝土快凝早强的要求。

表 5.2.3　微膨胀混凝土配合比

水泥	水	粉煤灰	砂	小石	氧化镁	减水剂	引气剂
142.00	307.00	77.00	722.00	1 123.00	7.03	1.15	0.088

表 5.2.4　硫铝酸盐小石混凝土配合比

水泥	水	砂	小石	减水剂	速凝剂
1	0.34	1.83	1.50	0.9%	0.9%

注：减水剂采用江苏博特新材料股份有限公司生产的 JM-PCA 聚羧酸高效减水剂；水泥为石家庄迅塔特种水泥厂生产的硫铝酸盐水泥。

2. 外衬螺栓孔回填要求

首先将外衬螺栓孔清理干净，采用电镐对外衬螺栓孔进行凿毛，凿除厚度为 3～5 mm，凿毛完成后依次采用高压风将各外衬螺栓孔内的混凝土渣吹净；腰线以下外衬螺栓孔采用 C35 微膨胀混凝土回填，腰线以上外衬螺栓孔先涂刷环氧基液（或界面胶），再分层回填硫铝酸盐小石混凝土。回填要求如下：回填面不能高出管片表面，并进行压实处理，表面进行抹光、抹平。

5.2.3 排水弹性垫层安装

1. 排水弹性垫层材料

1）材料结构

将带格栅的复合土工布作为排水弹性垫层。垫层由三部分叠合而成，自外向里为 150 g/m² 土工布、PE 格栅（总厚为 6.3 mm）、250 g/m² 土工布，详见图 5.2.3。

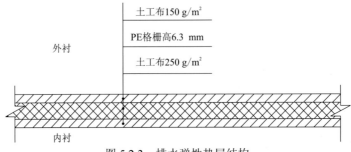

图 5.2.3 排水弹性垫层结构

2）材料规格与性能

（1）土工布。

品种：聚酯涤纶长丝土工布，幅宽应不小于 4.0 m。

性能：应符合《土工合成材料 长丝纺粘针刺非织造土工布》（GB/T 17639—2008）标准。土工布应与格栅黏结良好，确保垫层整体敷设时，各层不会分离。

（2）格栅。

材料：聚乙烯（不得采用再生材料），由三层筋条构成，总厚不小于 6.3 mm，也不得大于 7 mm。其中，中间的一层筋条为主筋条，应与隧洞轴线一致，筋条高不小于 3 mm，宽 1.2 mm，按间隔 10 mm 排布；上、下层筋条高不小于 1 mm，宽 1 mm，分别与中间筋条相交，成 45°和-45°，也按间隔 10 mm 排布。

性能：由三层筋条所形成的网状结构应具有良好的抗压缩性能和排水性能，密度≥0.94 g/cm³，纵向抗拉强度≥10 kN/m，导水率≥3.5×10⁻³ m²/s［测试边界条件：钢板/土工格栅/钢板，水力梯度为 0.1，水温为（21±2）℃，荷载为 500 kPa，加压时间为 15 min］。

2. 排水弹性垫层施工

排水弹性垫层敷设采用阻燃胶将排水弹性垫层平顺、平整、牢固地粘贴在管片上，格栅的主筋条应与隧洞轴向平行，排水弹性垫层的各层土工布和格栅应搭接连续，搭接宽度不小于 10 cm。排水弹性垫层铺设完毕后，经检查各层不分离，无气囊，无破损，不下垂，不鼓包，不留空隙，参见图 5.2.4。

图 5.2.4　排水弹性垫层铺设

5.2.4　内衬混凝土施工

1. 钢筋安装

内衬钢筋施工顺序：测量放线定位→钢筋台车就位→绑扎外层钢筋→预埋件（波纹管、喇叭口等）安装→绑扎内层钢筋→拱顶回填灌浆管、排气管等安装。

钢筋施工见图 5.2.5 和图 5.2.6。

图 5.2.5　外层钢筋安装

图 5.2.6　内层钢筋及波纹管安装

2. 波纹管、预留槽的安装

边顶拱范围的波纹管安装前，应对车道平台预埋的波纹管进行疏通检查，接头采用长度为 40 cm 的专用外套管，管内波纹管应无卷边和毛刺，两端管口应对齐，管外采用防水电工胶布将套管两侧封裹严实，防止水泥浆的进入。

大圆弧段的波纹管采用 U 形筋与外层钢筋焊接固定，小圆弧段附着在导向筋上，弯向喇叭管，以此控制线形，不得有急弯或折线状。

预留槽应开口于模板内，以便于在混凝土浇筑施工时，对波纹管随时检查、清理；混凝土初凝前，应采用高压风对波纹管扫孔，以防水泥浆淤堵管内。

波纹管与预留槽模板安装参见图 5.2.7 和图 5.2.8。

图 5.2.7　波纹管安装

图 5.2.8　预留槽模板安装

预留喇叭管就位的孔口尺寸及位置必须准确，允许偏差见表 5.2.5。

表 5.2.5　预留槽及埋件允许偏差表

序号	偏差名称	允许偏差/mm
1	预留槽中心线位置	10
2	预留槽截面尺寸	10
3	喇叭管口中心线相对于预留槽的平面位置	3
4	喇叭管口中心线相对于预留槽的立面位置	3（不允许上覆混凝土变薄）
5	波纹管中心线位置	5

3. 混凝土浇筑

采用多窗口布料的常规混凝土浇筑方法，从下向上、从中间向两侧、左右对称均衡布料浇筑，分层铺料，底层厚度为 30 cm，其余为 40 cm，相邻高差不得超过 100 cm。从车道平台至高位预留槽顶共布置 5 排共计 42 个进料口，详见图 5.2.9；腰线以下以插入式振捣为主，附着式振捣为辅，腰线以上以附着式振捣为主。

5.2.5　内衬预应力施工

1. 主要材料与设备

穿黄隧洞内衬预应力施工中采用如下材料和设备。

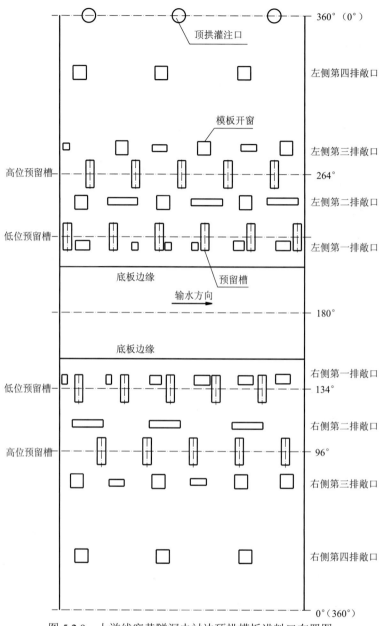

图 5.2.9 上游线穿黄隧洞内衬边顶拱模板进料口布置图

1）锚具及配套器材

（1）锚具及配套器材型号。

锚具由柳州欧维姆机械股份有限公司（以下简称 OVM 公司）供应,包括：①HM15-12 型工作锚具（含夹片）；②与测力器配套的 HM15-12 型特制锚板；③与千斤顶张拉配套的 HM15-12 型工具锚板；④弧形垫座 HHD-12,半径 500 mm,转角 40°；⑤与 HM15-12 型工作锚具配套的限位板 HXW-12。

（2）锚具和弧形垫座性能及检验。

对锚具和弧形垫座性能及检验的设计要求如下。

一，锚板及夹片采用合金结构钢制作，符合《合金结构钢》（GB/T 3077—1999）[①] 的要求，并有机械性能和化学成分合格证明书、质量保证书。

二，锚板坯件为锻件，应符合《建筑机械与设备锻件通用技术条件》（JG/T 5011.8—1992）[②] 的有关规定。

三，锚板应进行调质热处理，表面硬度不应小于 HB225（对应 HRC20）；工作夹片应进行化学热处理，表面硬度不应小于 HRA78。

四，锚板外表面镀锌。

五，弧形垫座孔道摩阻损失不得超过 6%。

六，限位板应能限制工作锚板张拉端钢绞线的回缩量不超过 6 mm。

七，对入库进场的每批锚具除应检验其锚具性能合格证书外，还应随机取三套锚具，与钢绞线组成锚具组装件，在现场的张拉台座上进行锚具组装件静载试验。

2）钢绞线

（1）钢绞线规格。

强度为 1860 级的 1×7 低松弛钢绞线，公称直径 15.24 mm，公称面积 140 mm^2，满足规范《预应力混凝土用钢绞线》（GB/T 5224—2003）[③] 的要求。

（2）钢绞线力学性能及检验要求。

钢绞线力学性能见表 5.2.6。

表 5.2.6　钢绞线力学性能表

钢绞线种类	公称直径/mm	抗拉标准强度/MPa	整根钢绞线最大力/kN	弹性极限/kN	伸长率/%	初始负荷为最大力的 80%时应力松弛率/%
1×7	15.24	≥1 860	≥260	≥234	≥3.5	≤4.5

松弛损失不大于 3.5%（按《预应力混凝土用钢绞线》（GB/T 5224—2003），试验 1 000 h 后，加初始负荷到规定负荷的 80%时的松弛损失）。

钢绞线检验应提供国家级检测单位（如国家建筑工程质量监督检验中心）的钢绞线质量合格证书（内容包括产品合格证书、钢绞线直径、面积、抗拉强度、弹性极限、伸长率、应力应变曲线等），同时应与已选用的锚具组成锚具组装件进行静载试验，满足有关试验要求。

3）波纹管

波纹管规格为 JBG-90B，应满足以下设计要求。

（1）钢带。

---

①②③ 为设计施工时采用标准。

适用规范：《连续热镀锌钢板及钢带》（GB/T 2518—2004）①。

车道平台内的波纹管防腐时间不小于 12 个月，边顶拱部位的波纹管防腐时间不小于 6 个月。

镀锌层厚度，双面重量不小于 60 g/m²。

表面质量 FC 级别。

冷弯试验不允许出现裂纹及分层。

进场前应提供产品规格书、产品质量检验证书、产品出厂合格证书。

根据工期安排，车道平台内波纹管埋设与预应力锚索张拉的间隔时间较长时，车道平台内波纹管应采用防腐性能卓越的合金、复合镀锌钢带（指将锌和其他金属如铅、锌制成合金，甚至采用复合镀成的钢带）。

（2）波纹管成品。

适用规范：《预应力混凝土用金属波纹管》（JG 225—2007）②以及相关国家标准。

成品应按规范对外观、尺寸、径向刚度（集中荷载、均布荷载）、抗渗漏性能（集中荷载作用后、弯曲）进行检验。

进场前应提供产品质量检验证书及产品出厂合格证书。

2. 环锚锚具组装件静载试验

将进场的锚具与钢绞线组成锚具组装件，在现场的张拉台座上进行锚具组装件静载试验，检验其是否满足规范要求。

1）适用规范

《水电水利工程预应力锚索施工规范》（DL/T 5083—2010）③。

2）锚具组装与测试地点

锚具组装件按设计图纸组装，在现场试验台上进行试验。图 5.2.10 为环锚组装件装配示意图，图 5.2.11 为现场试验照片。

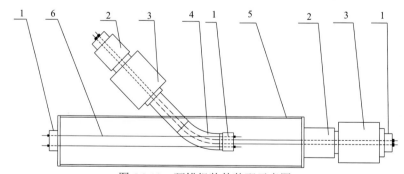

图 5.2.10　环锚组装件装配示意图

1 为环锚锚具（含工作夹片）；2 为测力计；3 为千斤顶；4 为弧形垫座组件；5 为台座；6 为钢绞线

①②③ 为设计施工时采用标准。

图 5.2.11　环锚组装件静载试验照片

3）锚具组装件测试概况

在确定锚具和钢绞线供应商前，上游线隧洞和下游线隧洞的施工单位分别将柳州欧维姆机械股份有限公司（简称 OVM 公司）送检的 HM15-12 型锚具和新华金属制品股份有限公司（简称新华厂，现已更名为新余钢铁股份有限公司）送检的有黏结钢绞线组装成组装件，在工地的试验台上各进行了三组静载试验。

4）静载试验成果

静载试验成果总表见表 5.2.7。

表 5.2.7　环锚锚具组装件静载试验成果总表

施工标段	组次	组装件			试验成果			
		锚具		钢绞线厂名	锚具效率/%	总应变/%	夹片回缩	
		厂名	型号				回缩/mm	平均/mm
II-A	1	OVM 公司	HM15-12	新华厂	100.25	4.34	3.45	
	2	OVM 公司	HM15-12	新华厂	99.64	4.05	3.61	3.57
	3	OVM 公司	HM15-12	新华厂	97.74	3.22	3.64	
II-B	1	OVM 公司	HM15-12	新华厂	99.40	3.66	5.04	
	2	OVM 公司	HM15-12	新华厂	96.06	2.49	5.53	4.78
	3	OVM 公司	HM15-12	新华厂	97.56	3.17	3.76	

3. 内衬预应力施工程序

内衬预应力的主要施工程序如下：内衬混凝土达到 28 天强度→回填灌浆并达到设计要求→孔道清理→锚索制作、就位→锚索张拉、锚固→预留槽封填→孔道灌浆。

4. 预应力施工技术要点

1）孔道防堵措施

在预应力锚索施工过程中，孔道是否通畅关系到施工质量和工程进度，为此确定如下防淤堵保证措施。

（1）用于工程的波纹管不得弯折、开裂。

（2）波纹管各管节接头、管节与拱顶排气管嘴接头及管节与喇叭管接头均应采取封裹措施，严防浇筑混凝土时渗入水泥浆。

（3）在第1序车道平台混凝土立模时，预埋于底板的波纹管伸出端模板以外不小于30 cm，并采取可靠措施封堵管口。

（4）加强对现场已安装的波纹管、喇叭口等预埋件的保护工作；对波纹管要严禁电焊作业（包括与焊渣、电焊弧光有任何接触），必要时加设覆盖、包裹保护。

（5）预留槽应开口于模板内，以便于在混凝土浇筑施工时，对波纹管随时检查、清理；在混凝土初凝和终凝前，采用高压风对波纹管进行扫孔清理，确保管内通畅；混凝土浇筑后，应对预留槽下端孔口加盖保护，严防泥水、污物、杂物进入。

2）孔道减糙措施

内衬预应力施工前，对车道平台预埋波纹管摩阻系数的检测表明，由于边顶拱与车道平台混凝土浇筑间隔时间较长、现场波纹管线型和控制等原因，摩阻系数大于设计值，所以对孔道采取如下减糙措施。

（1）波纹管应就位在同一平面上，并按设计线形弯制，对于小曲线弯入段，采用样架钢筋保持线形，以尽量避免由于偏差造成摆动系数加大。

（2）第1节波纹管应架立在弯入预留槽的弧段上，其后管节套在前一节管节外侧面，使锚索得以顺向通过各管节接头。

（3）各段接头采用外套管，相接管段在外套管对齐，避免出现坎台。

（4）穿索前采取三冲（水）、一吹（高压风）、一探测（孔内电视探测）措施，加强对孔道的清理。

（5）力求喇叭管与波纹管平顺对接，对于对接偏差部位，采取打磨措施。

（6）对锚索加涂石墨粉减糙。

（7）预留槽槽壁凿毛必须在孔道密封后进行，以防止细颗粒物质进入孔道。

以上减糙措施在生产性试验过程中实施，经过不断补充、完善，取得了较好的减糙效果，到生产性试验后期，实测孔道摩阻系数与设计值已十分接近。

3）锚索编制

（1）钢绞线长度按照设计要求下料，预应力筋采用砂轮切割机切断，不得采用电弧或气割切割。

（2）在隧洞内编束平台上排好 12 根钢绞线，用油漆或标签逐根编号，并将钢绞线一端对齐。

（3）按设计图形编束，中间每隔 1 000 mm 用铁丝绑扎，钢绞线不得相互交叉。

（4）制作好的预应力筋束，应按编号整齐、平顺地存放在地面以上的支架上，并应避免接触杂散电流。

4）穿索

（1）采用卷扬机牵引、人工辅助的形式进行锚索的穿索作业。

（2）将穿索导向帽安装在锚索的前端，用预穿在孔道中的钢丝绳将卷扬机的钢丝绳通过导向轮由预留槽上口引进孔道，并从预留槽下口穿出，引出的钢丝绳与锚索端部的导向帽连接，即可开始穿索。

（3）启动卷扬机，人工配合将导向帽一端送入孔口，在卷扬机的牵引下，锚索徐徐进入孔道，直至从另一端穿出，并达到要求的长度。

（4）锚索应一次穿索到位，避免在安装过程中反复拖动锚索。

（5）穿索完成后，用棉纱塞住孔口，以防杂物进入，将外露钢绞线包好，以防锈蚀。

5）锚索张拉准备

（1）内衬混凝土强度和回填灌浆经检查达到设计要求。

（2）对千斤顶及油压表进行配套校验，并提供千斤顶拉力与油压值的关系表。

（3）检查或搭设张拉作业所需的工作平台、脚手架，并固定牢靠，设置安全防护设施，挂警示牌。

（4）张拉机具就位后，应先进行空载试运转，确认其运行正常及可靠后，活塞预伸约 20 cm。

（5）预应力构件的张拉顺序，严格按设计文件要求执行，并安排好与此有关的各项准备工作。

6）锚索张拉控制与断丝处理

与直线束张拉控制不同，环锚作为曲线束，其张拉效果不仅取决于控制张拉力，还取决于摩阻损失，而摩阻损失与弹性伸长存在一定的关系，因此伸长控制是环锚张拉控制的重要措施。

为了达到预期的预应力效果，要求对锚索张拉采取动态控制，即在一定的张拉控制力情况下，要求达到一定的弹性伸长，否则要继续提高张拉控制力。

第 6 章

穿黄隧洞运行及安全监测

6.1　穿黄隧洞运行

6.1.1　充水试验

1. 第一次充水试验

上游线隧洞于 2014 年 2 月 22 日 8 时开始第一次充水试验，2 月 25 日 1 时 45 分充至 70.5 m 高程，完成第一级充水，渗漏量为 0.46～0.48 L/s，3 月 2 日 11 时继续充水，3 月 4 日 21 时 10 分充水至 84.0 m 高程时，渗漏量为 26.63 L/s，同日 21 时 56 分充水至 85.0 m 高程，此时渗漏量增大至 40.1 L/s，已超过一台渗漏排水泵的额定容量 30 L/s，其后停止充水，3 月 5 日 15 时 30 分，水位降至 82.19 m 高程，渗漏量约为 33.54 L/s。

下游线隧洞于 2014 年 2 月 20 日 15 时开始第一次试充水，22 日 20 时 30 分充至 70.5 m 高程，完成第一级充水，渗漏量为 0.28～0.33 L/s，2 月 23 日 22 时 20 分开始第二级充水，2 月 25 日 12 时～14 时当水位自高程 84.0 m 升至 85.0 m 时，渗漏量突然增大，达到 25.89 L/s，接近一台渗漏排水泵的额定容量 30 L/s。经参建各方现场讨论，决定暂停充水，截至 3 月 5 日 15 时 20 分，水位降至高程 75.25 m，渗漏量减至 4.18 L/s。

2. 缺陷排查及处理

隧洞充水至 85 m 高程后，因渗漏量偏大，建设管理单位暂停充水试验，并在隧洞退水后，立即组织参建各方进洞进行渗漏排查。为了进一步摸清渗漏情况，还通过充水至 85 m 高程，在堵塞渗漏排水总管出口后，利用反渗、边退水、边进洞排查渗漏，发现渗漏的部位主要是回填灌浆孔、检查孔和锚索孔道，分析认为，这些孔道可能与排水垫层相通。为此，建设管理单位委托长江地球物理探测（武汉）有限公司采用超声横波反射成像仪对 A 洞和 B 洞内衬顶拱进行全线探测，结果发现部分洞段的内衬混凝土欠厚，回填灌浆欠灌、漏灌，证实了部分灌浆孔、检查孔、锚索孔道与排水垫层相通是主要的渗漏途径，这一检查结果也被南水北调工程建设监管中心钻孔电视探测结果所证实。

与此同时，建设管理单位对内衬施工质量问题进行了全面排查和统计，根据建设管理单位提供的资料，穿黄隧洞缺陷可分为以下几类。

（1）内衬渗漏。

（2）隧洞回填灌浆与灌浆孔缺陷。

（3）内衬混凝土欠厚。

（4）锚索孔道及预留槽灌浆缺陷。

（5）裂缝缺陷。

针对上述缺陷，主要处理措施包括拱顶补充回填灌浆、内衬欠厚混凝土黏钢或黏碳纤维加固、回填灌浆孔环氧砂浆回填、接缝聚脲封闭、锚索重新穿索张拉等。

3. 缺陷处理后充水试验

对渗漏与施工缺陷处理后，2014 年 9 月 1 日穿黄工程通过了通水验收。2014 年 10 月 5 日起进行了中线全线充水试验，同年 10 月 8 日和 9 日，上游线隧洞和下游线隧洞过流量分别达到 50 m³/s，此后为监测隧洞渗漏量，上游线隧洞在 117 m 设计水位下静停，下游线隧洞则继续通水运行，并于 11 月 6 日单洞过流 100 m³/s（接近单洞设计流量 132.5 m³/s），两洞实测渗漏量均小于 30 L/s，内外衬间渗压水位在 80 m 以下，满足设计要求。

6.1.2 输水运行

2014 年 12 月 12 日，南水北调中线工程正式通水运行，穿黄工程作为南水北调中线工程的关键节点，至 2022 年 10 月底，已安全运行 7 年多，经穿黄工程向北输送源水 368.63 亿 m³，穿黄隧洞结构性态及渗漏水量均处于正常水平，工程运行良好。

6.2 穿黄隧洞安全监测

6.2.1 穿黄隧洞安全监测布置

穿黄隧洞双线布置，分别为上游线隧洞和下游线隧洞，单洞长 4 250 m，每洞又分为邙山隧洞段和过河隧洞段，分别长 800 m 和 3 450 m；两线隧洞均双层衬砌，内衬与外衬界面间布设排水垫层，隧洞中心间距 28 m，所处工程地质条件、安全监测布置类似。

1. 隧洞过河隧洞段监测项目及布置

1）过河隧洞段外衬监测项目及布置

外衬监测项目包括环向应变监测、收敛监测。

外衬监测布置为：每洞外衬各布设 2 个应变监测断面，每个断面布设 3 支应变计，每洞共 6 支应变计；另外，每洞共布设 10 个收敛监测断面，每个收敛监测断面上分别布设 5 个收敛测点，每洞共 50 个收敛测点。

2）过河隧洞段内衬监测项目及布置

内衬监测项目包括环向应力应变监测、锚索锚固力监测、界面渗透水压力监测、渗漏水量监测、结构缝开度监测、垂直位移监测等。

（1）环向应力应变监测布置。上、下游线过河隧洞段分别布置了 8 个和 6 个重要监测断面，仪器布置类同，每个断面布置 8 支应变计、7 支钢筋计、1 支无应力计，其中上游线过河隧洞段 52 号监测断面（桩号 7+089.312）的仪器布置参见图 6.2.1。

（2）锚索锚固端拉力和内、外衬界面接缝开合监测布置。上、下游线过河隧洞段分别在重要监测断面中的 6 个和 4 个断面各布设 7 支测缝计，用来监测内、外衬界面接缝的开合情况；另外，布设 1 支锚索测力计，用来监测锚索张拉过程中的拉力与锚固力。

（3）内衬分段结构缝开度及内、外衬界面渗压监测布置。过河隧洞段距北岸竖井约 860 m 和 1 160 m 处为地层变化的部位，在此前后结构缝监测断面加密布置。同时，在内、外衬界面底拱范围内布设渗压计，两洞过河隧洞段共计 205 支。

（4）垂直位移监测布置。在上、下游线过河隧洞段平均每段内衬设 1 个垂直位移测点。另外，在穿黄南岸布设双金属标一座，作为垂直位移的基准点。

（5）渗漏水量监测布置。上、下游线过河隧洞段底部全程布置的 3 条 PVC 管道，通向出口竖井的集水井中，在每个管口均布置有流量监测仪表。

2. 穿黄隧洞邙山隧洞段监测项目及布置

1）邙山隧洞段外衬监测项目及布置

外衬监测项目包括环向应变监测、土压力监测、收敛监测等。

外衬监测布置：上、下游线邙山隧洞段各布设 4 个收敛监测断面，每个收敛监测断面上分别布设 5 个收敛测点；为了监测土压力对外衬的影响，各布设 3 支土压力计。

2）邙山隧洞段内衬监测项目及布置

内衬监测项目邙山隧洞段与过河隧洞段相同，监测布置如下。

（1）应力应变监测布置。上、下游线邙山隧洞段分别布置了 2 个和 1 个重要监测断面，每个断面布置 3 支应变计、2 支钢筋计、1 支无应力计，其中上游线邙山隧洞段 1

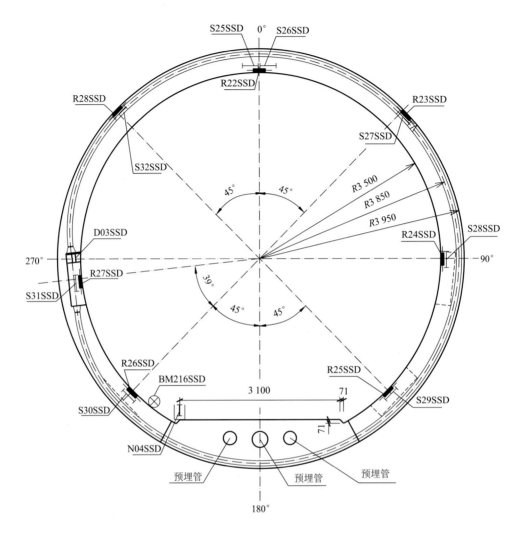

图 6.2.1　上游线过河隧洞段内衬重要监测断面仪器布置（尺寸单位：mm）

仪器代号：R 为钢筋计，S 为应变计，N 为无应力计，BM 为水准标

号监测断面仪器布置参见图 6.2.2。

（2）测力计和内、外衬界面接缝开合监测布置。在每个重要监测断面上，布设 7 支测缝计、1 支锚索测力计。

（3）内、外衬界面渗压监测布置。在内、外衬界面底拱范围内布设渗压计，两洞邙山隧洞段共计 6 支。

（4）垂直位移监测布置。在上、下游线邙山隧洞段内衬分别设 15 个和 10 个测点。

（5）收敛监测布置。上、下游线邙山隧洞段分别布置 4 个和 2 个收敛监测断面，每个断面各布置 5 个收敛测点。

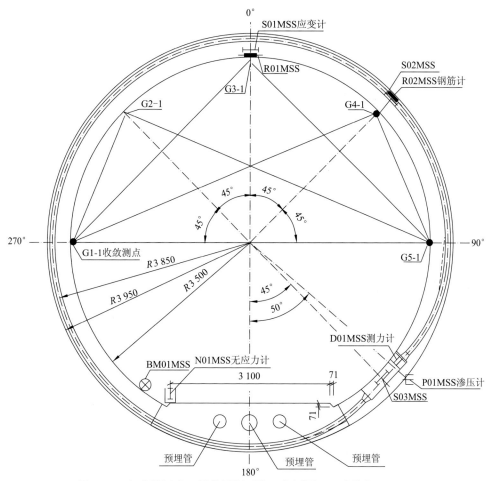

图 6.2.2 邙山隧洞段 1 号监测断面仪器布置图（尺寸单位：mm）

仪器代号：R 为钢筋计，S 为应变计，N 为无应力计，D 为锚索测力计，BM 为水准标，G 为收敛测点

6.2.2 运行前穿黄隧洞安全监测

如 6.2.1 小节所述，上、下游线过河隧洞段分别布置了 8 个和 6 个重要监测断面，邙山隧洞段分别布置 2 个和 1 个重要监测断面，每个断面布置 8 支应变计、7 支钢筋计、1 支无应力计、7 支测缝计和 1 支锚索测力计。其后的工程缺陷探测表明，重要监测断面无明显的质量缺陷。因此，其安全监测结果可以作为评估新型盾构隧洞结构安全性能的依据。

1. 运行前内衬应变计测值

运行前每一个重要监测断面不同角位的 8 支应变计的应变监测结果均为压应变，表明内衬处于全截面受压的应力状态，参见表 6.2.1 和表 6.2.2。

151

表 **6.2.1** 上游线隧洞内衬应变计（S）及无应力计（N）测值一览表

内衬段号	仪器设计编号		微应变	内衬段号	仪器设计编号		微应变
	断面号/桩号	仪器编号			断面号/桩号	仪器编号	
370 段	1#/5+661.048	S01SSD	−123.03	232 段	30#/6+282.301	S17SSD	−121.12
		S02SSD	−142.59			S18SSD	−187.30
		S03SSD	−348.89			S19SSD	−221.72
		S04SSD	−268.47			S20SSD	−189.94
		S05SSD	−356.24			S21SSD	−354.41
		S06SSD	−39.94			S22SSD	−164.79
		S07SSD	−295.63			S23SSD	−142.62
		S08SSD	−84.64			S24SSD	−70.15
		N01SSD	−76.61				
364 段	8#/5+681.069	S09SSD	−268.05	217 段	8#/7+089.312	S25SSD	−404.14
		S10SSD	−318.94			S26SSD	−381.96
		S11SSD	−276.87			S27SSD	−331.98
		S12SSD	−262.63			S28SSD	−400.16
		S13SSD	−446.45			S29SSD	−326.35
		S14SSD	−308.01			S30SSD	−326.02
		S15SSD	−329.80			S31SSD	−203.23
		S16SSD	−275.30			S32SSD	−303.85
		N02SSD	−55.48			N04SSD	−316.35
132 段	72#/7+896.267	S33SSD	−113.20	6 段	133#/9+089.062	S49SSD	−349.73
		S34SSD	−134.51			S50SSD	−276.64
		S35SSD	−223.41			S51SSD	−345.43
		S36SSD	−201.44			S52SSD	−341.46
		S37SSD	−323.92			S53SSD	−361.96
		S38SSD	−257.37			S54SSD	−342.79
		S39SSD	−167.50			S55SSD	−408.17
		S40SSD	−220.42			S56SSD	−437.56
		N05SSD	−248.35			N07SSD	−93.76

内衬段号	仪器设计编号		微应变	内衬段号	仪器设计编号		微应变
	断面号/桩号	仪器编号			断面号/桩号	仪器编号	
87 段	108#/8+327.566	S41SSD	−238.83	1 段	139#/9+106.768	S57SSD	−150.26
		S42SSD	−402.89			S58SSD	—
		S43SSD	−229.90			S59SSD	−449.78
		S44SSD	−154.13			S60SSD	−360.38
		S45SSD	−289.25			S61SSD	−46.29
		S46SSD	−225.90			S62SSD	−287.30
		S47SSD	−136.85			S63SSD	−384.06
		S48SSD	−289.85			S64SSD	−448.61
		N06SSD	−77.14			N08SSD	−159.15
上游线邙山隧洞段				M7 段	1#/5+616.938	S01MSD	−255.78
						S02MSD	−346.04
						S03MSD	−59.98
				M83 段	4#/4+909.459	S04MSD	−206.58
						S05MSD	−108.43
						S06MSD	−363.53

表 6.2.2　下游线隧洞内衬应变计（S）及无应力计（N）测值一览表

内衬段号	仪器设计编号		微应变	内衬段号	仪器设计编号		微应变
	断面号/桩号	仪器编号			断面号/桩号	仪器编号	
370 段	1#/5+661.5528	S01XSD	−384.55	216 段	31#/7+087.876	S17XSD	−58.90
		S02XSD	−497.97			S18XSD	−190.31
		S03XSD	−311.03			S19XSD	−283.92
		S04XSD	−371.11			S20XSD	−159.99
		S05XSD	−338.31			S21XSD	−151.23
		S06XSD	−440.73			S22XSD	−213.31
		S07XSD	−354.65			S23XSD	−312.11
		S08XSD	−366.92			S24XSD	−224.36
		N01XSD	19.84			N03XSD	−212.82

续表

内衬段号	仪器设计编号		微应变	内衬段号	仪器设计编号		微应变
	断面号/桩号	仪器编号			断面号/桩号	仪器编号	
300 段	20#/6+281.029	S09XSD	−195.84	132 段	40#/7+894.798	S25XSD	−232.63
		S10XSD	−60.64			S26XSD	−188.95
		S11XSD	−300.43			S27XSD	−250.55
		S12XSD	−178.16			S28XSD	−176.43
		S13XSD	−140.78			S29XSD	−238.16
		S14XSD	−157.81			S30XSD	−169.10
		S15XSD	−90.18			S31XSD	−260.76
		S16XSD	−277.36			S32XSD	−233.96
		N02XSD	−886.39			N04XSD	−429.92
87 段	60#/8+327.098	S33XSD	−38.86	1 段	80#/9+106.863	S41XSD	−355.00
		S34XSD	−265.18			S42XSD	−391.79
		S35XSD	−103.30			S43XSD	−434.59
		S36XSD	−149.60			S44XSD	−338.82
		S37XSD	−427.81			S45XSD	−594.09
		S38XSD	−121.86			S46XSD	−455.06
		S39XSD	—			S47XSD	−471.58
		S40XSD	—			S48XSD	−382.08
		N05XSD	−161.75			N06XSD	−188.98
下游线邙山隧洞段				M7 段	1#/5+618.5735	S01MSX	−246.47
						S02MSX	−336.78
						S03MSX	−109.44
						N01MSX	−115.52

注：—表示无测值。

2. 运行前锚索应力测值

1）锚索应力设计值

锚索张拉过程采用双控，根据结构设计需要，原定孔道摩阻系数设计值为 0.20，锚索控制张拉力为 2 250 kN。施工过程中，孔道摩阻系数增大，采用石墨粉减糙后，实测孔道摩阻系数为 0.22，为取得原定的预应力效果，控制张拉力调整为 2 350 kN，同时要求锚索弹性伸长不小于 101 mm。第一批应力损失后及完成全部应力损失后锚索应力分布见表 6.2.3。

表 6.2.3　第一批应力损失后及完成全部应力损失后锚索应力分布

计算项目			符号	单位	原设计	设计调整
锚索	弹性模量		E	MPa	196 000	196 000
	面积		A_s	mm^2	1 680	1 680
	标准强度		f_{ptk}	MPa	1 860	1 860
混凝土	立方强度		f'_{cu}	MPa	40	40
孔道参数	弧形垫座	半径	R_0	mm	500	500
		中心角	θ_0	(°)	40	40
		孔道摩阻系数	μ_0		0.088 6	0.088 6
	直线段		L_0	mm	620	620
	第一曲线段	半径	R_1	mm	2 639	2 639
		中心角	θ_1	(°)	31.524 3	31.524 3
		孔道摩阻系数	μ_1		0.20	0.22
	第二曲线段	半径	R_2	mm	3 825	3 825
		中心角	θ_2	(°)	148.475 7	148.475 7
		孔道摩阻系数	μ_2		0.20	0.22
锚索张拉端	控制张拉力		T_C	kN	2 250.000	2 350.000
	控制张拉应力		σ_C	MPa	1 339.286	1 398.810
锚固前	直线段	锚索拉力	T_0	kN	2 115.044	2 209.046
		锚索应力	σ_0	MPa	1 258.955	1 314.908
	第一曲线段末端	锚索拉力	T_{01}	kN	1 894.652	1 957.203
		锚索应力	σ_{01}	MPa	1 127.769	1 165.002
	第二曲线段末端	锚索拉力	T_L	kN	1 128.351	1 106.731
		锚索应力	σ_L	MPa	671.637 5	658.768 4
锚固后 （发生第一批应力损失）	半弹性回缩量		d_t	mm	3	3

续表

计算项目		符号	单位	原设计	设计调整
锚固后 （发生第一批应力损失）	回缩包角	$\theta_1+\theta_w$	（°）	43.925 43	40.554 46
	直线段回缩量	d_{t0}	mm	1.132 217	1.199 568
	第一曲线段回缩量	d_{t1}	mm	1.661 895	1.676 360
	第二曲线段回缩量	d_{t2}	mm	0.200 351	0.121 407
	半弹性回缩量复核	d_t'	mm	2.994 464	2.997 335
	锚索应力 回缩段末端应力	σ_w'	MPa	1 079.992	1 126.299
	锚索应力 第一曲线段末端应力	σ_{01}'	MPa	1 032.214	1 085.597
	锚索应力 直线段应力	σ_0'	MPa	901.028 3	935.690 3
	锚索应力 第二曲线段末端应力	σ_L'	MPa	671.637 5	658.768 4
	锚索拉力 回缩段末端拉力	T_w'	kN	1 814.386	1 890.503
	锚索拉力 第一曲线段末端拉力	T_{01}'	kN	1 734.120	1 823.803
	锚索拉力 直线段拉力	T_0'	kN	1 513.728	1 571.960
	锚索拉力 第二曲线段末端拉力	T_L'	kN	1 128.351	1 106.731
全部应力损失完成后 （发生第二批应力损失）	松弛损失	σ_{L4}	MPa	38.851 68	49.531 32
	徐变损失	σ_{L5}	MPa	84.188 31	86.442 36
	锚索应力 回缩段末端应力	σ_w''	MPa	956.951 6	989.325 7
	锚索应力 第一曲线段末端应力	σ_{01}''	MPa	909.174 2	949.623 5
	锚索应力 直线段应力	σ_0''	MPa	777.988 3	799.716 6
	锚索应力 第二曲线段末端应力	σ_L''	MPa	548.597 5	523.794 7
	锚索拉力 回缩段末端拉力	T_w''	kN	1 607.679	1 662.067
	锚索拉力 第一曲线段末端拉力	T_{01}''	kN	1 527.413	1 595.524
	锚索拉力 直线段拉力	T_0''	kN	1 307.020	1 343.524
	锚索拉力 第二曲线段末端拉力	T_L''	kN	922.644	878.295

注：环锚主拉段和被拉段关于张拉端与第二曲线段末端连线对称分布，故表中只需取主拉段或被拉段进行计算，相应钢绞线弹性回缩量按规范值 6 mm 取一半，即 d_t=3 mm。

2）锚索测力计测值

内衬施加预应力是穿黄隧洞重要的技术措施，预应力效果可通过锚索测力计实测值与设计值的对比来评估。图 6.2.3 和图 6.2.4 分别为上游线隧洞和下游线隧洞内衬代表性锚索测力计测值变化曲线图；由图 6.2.3 和图 6.2.4 可见，锚索拉力已趋平稳。表 6.2.4 和表 6.2.5 分别为上游线隧洞和下游线隧洞内衬测力计实测锚固后锚索拉力，鉴于锚索拉力已趋平稳，可视为完成全部应力损失后的拉力值。

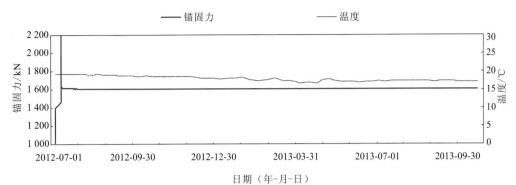

图 6.2.3　上游线隧洞内衬锚索测力计测值变化曲线图（217 段 D03SSD 锚索测力计）

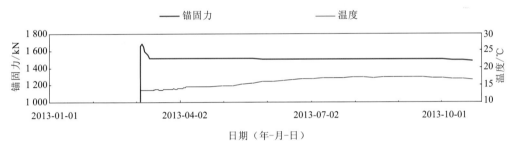

图 6.2.4　下游线隧洞内衬锚索测力计测值变化曲线图（216 段 D02XSD 锚索测力计）

表 6.2.4　上游线隧洞内衬测力计实测锚固后工作锚板处锚索拉力

序号	仪器编号	安装位置	观测锚固力/kN（2014-08-29，充水前）	观测锚固力/kN（2014-09-02，开始充水）	观测锚固力/kN（2014-09-15，充水至 117 m）	观测锚固力/kN（2014-09-30，退水后）
1	D02SSD	过河隧洞段 232 段	1 451.6	1 455.0	1 362.7	1 457.3
2	D03SSD	过河隧洞段 217 段	1 430.0	1 576.8	1 557.8	1 614.2
3	D05SSD	过河隧洞段 87 段	1 559.2	1 565.2	1 416.0	1 558.4
4	D01SSD	过河隧洞段 370 段	1 816.4	1 838.7	1 716.0	1 893.2
5	D01MSS	邙山隧洞段 M7 段	1 622.1	1 632.4	1 502.6	1 630.8
6	D02MSS	邙山隧洞段 M82 段	1 543.0	1 551.3	1 554.6	1 552.9
		平均	1 570.4	1 603.2	1 519.3	1 617.8
		备注	失效测力计：D06SSD（1 段）；D04SSD（132 段）			

表 6.2.5 下游线隧洞内衬测力计实测锚固后工作锚板处锚索拉力

序号	仪器编号	安装位置	观测锚固力/kN（2014-08-14，充水前）	观测锚固力/kN（2014-08-17 测值，2014-08-15 开始充水）	观测锚固力/kN（2014-09-01，充水至117 m）	观测锚固力/kN（2014-10-01，退水后）
1	D01MSX	邙山隧洞段7段	1 667.9	1 688.8	1 538.9	1 665.5
2	D01XSD	过河隧洞段370段	1 224.4	1 136.7	1 138.5	1 224.0
3	D02XSD	过河隧洞段216段	1 614.2	1 435.1	1 441.9	1 516.9
4	D04XSD	过河隧洞段M1段	1 737.9	1 747.1	1 465.1	1 773.1
5	D03XSD	过河隧洞段M87段	1 625.9	1 660.4	1 469.4	1 623.3
	平均		1 574.06	1 533.62	1 410.76	1 560.56

3. 预应力效果与运行前内衬应力状态

穿黄隧洞内衬为预应力结构，内衬应力状态很大程度上取决于预应力效果，能否达到设计要求，可通过锚索实测拉力与设计拉力的对比来判定。由于锚索测力器布置在锚索直线段上，故将表 6.2.4、表 6.2.5 中实测值分别与表 6.2.3 中直线段设计拉力值相比较即可。

由表 6.2.3 可见，原设计锚索完成全部应力损失后，直线段上拉力应不小于1 307.02 kN，而表 6.2.4 中测力计实测的上游线隧洞（A 洞）锚索拉力平均值（失效测力计未考虑）在充水前为 1 570.4 kN，高于设计值；表 6.2.5 中测力计实测的下游线隧洞（B洞）锚索拉力平均值在充水前为 1 574.06 kN，也高于设计值（不过也要指出，其中过河隧洞段 370 段 D01XSD 测值为 1 224.4 kN，低于设计值）。对比表明：预应力效果达到设计要求，与内衬重点监测断面应变测值均为压应变相吻合，说明重点监测断面内衬处于全截面受压状态。

4. 运行前内衬结构缝伸缩测值

上游线隧洞和下游线隧洞测缝计布置在车道平台，用于监测内衬结构缝伸缩变形，共计 205 支，充水试验前测值整体较为稳定，未见明显异常。作为代表，上游线隧洞 132 号断面（桩号 9+087.559）和下游线隧洞 73 号断面（桩号 9+082.757）内衬车道平台测缝计测值变化曲线图分别见图 6.2.5 和图 6.2.6。

内衬测缝计测得的位移反映结构缝伸缩，从图 6.2.5 和图 6.2.6 可以看出，经过三年多的时间，上游线隧洞 J503SSD 测缝计测得的位移稳定在 0.30 mm；下游线隧洞 J271XSD 测缝计测得的位移稳定在 0.91 mm；各测缝计测得的位移无较大变化，结构缝伸缩主要与温度变化有关，温度升高，缝宽减小，温度降低，缝宽增加，可见内衬伸缩缝未发现异常。

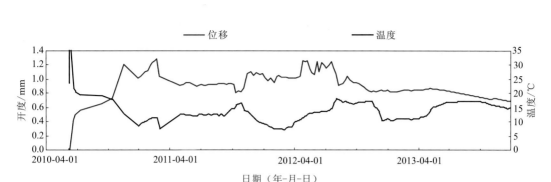

图 6.2.5　上游线隧洞内衬车道平台测缝计测值变化曲线图（J503SSD）

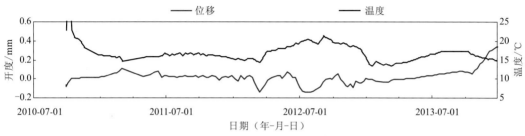

图 6.2.6　下游线隧洞内衬车道平台测缝计测值变化曲线图（J271SSD）

5. 运行前总体安全性评估结论

受南水北调中线干线工程建设管理局委托，中水东北勘测设计研究有限责任公司组织专家组，对南水北调中线干线穿黄隧洞工程的安全和运行进行了全面评估，为设计单元通水验收提供依据。评估单位认为，依据工程形象面貌、工程防洪、工程地质条件、土建工程、金属结构与机电设备、安全监测有效性等方面的安全性评估结果，形成如下穿黄隧洞工程总体安全性评估结论。

穿黄隧洞工程的工程形象面貌满足安全通水运行的要求。施工揭露的各建筑物工程地质条件与初步设计阶段的勘察结果基本一致，建议的各项岩土物理力学指标合理。建筑物的布置和结构形式合理，适应地形地质条件。工程防洪、基础处理及土建工程设计合理。工程建设中发生的设计变更对工程运行安全无影响。各标段主体工程施工均已完成，各主要建筑物的土建施工总体质量合格，第一阶段充水试验发现的隧洞内衬质量缺陷已处理完成，施工质量满足防渗及缺陷处理设计要求，经充水试验检查验证，各项监测物理量测值在设计允许值范围内变化，隧洞结构工作性态正常。金属结构和机电设备的制作、安装满足设计要求，未发现影响工程安全的隐患。工程安全监测系统设计合理，已安装埋设的仪器设施总体质量合格，监测成果基本符合工程实际。

总体评估认为，在做好运行管理及通水安全监测准备工作后，穿黄隧洞工程具备安全通水条件。

6.2.3　通水运行期间穿黄隧洞安全监测

1. 运行期间界面渗透压力与渗漏量监测

1）界面渗透压力

2016 年以来，上游线隧洞外衬与内衬之间的界面排水层渗透压力一直处于稳定状态，最大渗透压力水头 9m，发生在 328 段，其余均较小，换算为渗透压力水位后沿隧洞轴线的分布见图 6.2.7。

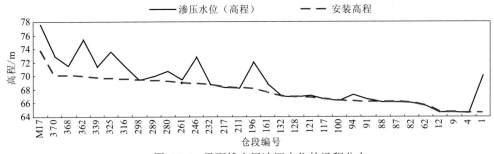

图 6.2.7　界面排水层渗压水位的沿程分布

2）渗漏量

上游线隧洞的渗漏量于 2016 年 1 月 23 日增至 24.14 L/s，2016 年 2 月 1 日增至约 29 L/s，其后逐渐下降，至 3 月 1 日降至 17 L/s，均小于一台渗漏排水泵的额定排水量 30 L/s，见图 6.2.8 和图 6.2.9。

图 6.2.8　界面排水层渗漏量历时过程线

2. 运行期间重要监测断面安全监测

如 6.2.1 小节所述，上游线隧洞过河隧洞段和邙山隧洞段分别布置了 8 个与 2 个重要监测断面，施工过程无明显的质量缺陷，其安全监测结果可以作为评估新型盾构隧洞结构安全性能的依据。

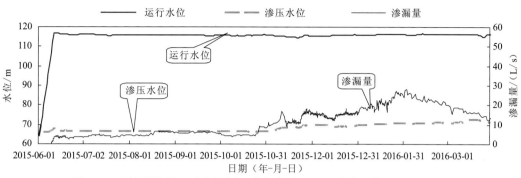

图 6.2.9　过河隧洞段 1 段界面渗压水位与渗漏量历时过程线（P113SSD）

　　据监测，重要监测断面钢筋计和应变计均处于受压状态，以下对上游线过河隧洞段和邙山隧洞段各选取部分仪器的历时过程曲线示出，其洞段号和监测断面号见表 6.2.6，历时过程曲线见图 6.2.10～图 6.2.15。

表 6.2.6　上游线隧洞部分监测仪器所在洞段号和监测断面号

洞段	应变计			钢筋计		
	洞段号	监测断面号	仪器编号	洞段号	监测断面号	仪器编号
过河隧洞段	1 段	139 号	S59SSD	1 段	139 号	R56SSD
	300 段	30 号	S18SSD	6 段	133 号	R44SSD
邙山隧洞段	M7 段	邙山 1 号	S01MSSD			
	M82 段	邙山 4 号	S04MSSD			

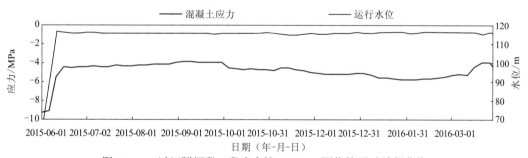

图 6.2.10　过河隧洞段 1 段应变计 S59SSD 测值的历时过程曲线

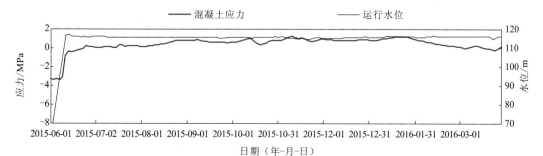

图 6.2.11　过河隧洞段 300 段应变计 S18SSD 测值的历时过程曲线

图 6.2.12　邙山隧洞段 M7 段应变计 S01MSS 测值的历时过程曲线

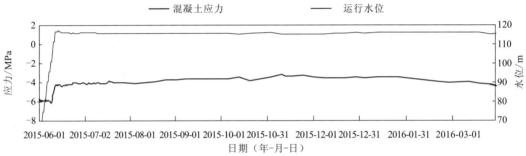

图 6.2.13　邙山隧洞 M82 段应变计 S04MSS 测值的历时过程曲线

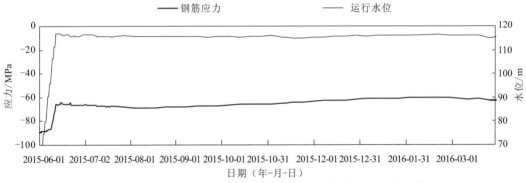

图 6.2.14　过河隧洞段 1 段钢筋计 R56SSD 测值的历时过程曲线

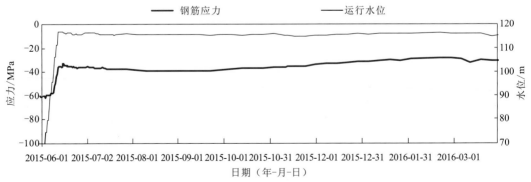

图 6.2.15　过河隧洞段 6 段钢筋计 R44SSD 测值的历时过程曲线

3. 运行期间安全监测资料分析

从表示渗压力、渗漏量历时变化的图 6.2.8、图 6.2.9 和表示混凝土应变、钢筋应力历时变化的图 6.2.10～图 6.2.15 可以看到，它们共同的特点是随温度的变化而变化。

（1）随着温度的升高，界面渗漏量、界面渗透压力下降；随着温度的降低，界面渗漏量、界面渗透压力增加。

其原因如下：随着温度升高，渗漏通道（内衬结构缝、微细缝隙等）的缝隙变小，甚至闭合，因而渗漏量减少，界面排水通畅，界面渗透压力便相应下降；反之，随着温度降低，缝隙变宽，渗漏量增加，界面排水通畅性降低，界面渗透压力便相应增加。

（2）随着温度升高，混凝土压应变、钢筋压应力减小；随着温度降低，混凝土压应变、钢筋压应力增加。

其原因如下：锚索作为钢材，其线膨胀系数为 1.2×10^{-5}，混凝土的线膨胀系数约为 1.0×10^{-5}，当温度升高时，锚索伸长较混凝土伸长略大，锚索对混凝土的挤压力有所减小，因而混凝土压应变、钢筋压应力减小；反之，温度降低，锚索收缩较混凝土收缩略大，锚索对混凝土的挤压力有所增加，因而混凝土压应变、钢筋压应力增加。

（3）渗透压力、渗漏量、混凝土应变、钢筋应力的历时变化与结构特性是相符的，也是正常的。这表明隧洞通水运行以来，穿黄隧洞结构在安全、正常地运行。

参 考 文 献

[1] 钮新强, 谢向荣, 符志远, 等. 南水北调中线一期穿黄工程初步设计报告[R]. 武汉: 长江水利委员会长江勘测规划设计研究院, 2005.

[2] 符志远, 吕国梁, 张传健, 等. 穿黄隧洞工作条件与建筑物型式研究报告[R]. 武汉: 长江水利委员会长江勘测规划设计研究院, 2010.

[3] 张传健, 吕国梁, 邓加林, 等. 穿黄隧洞衬砌结构受力与变形特性研究[R]. 武汉: 长江水利委员会长江勘测规划设计研究院, 2010.

[4] 符志远, 石裕, 马永锋, 等. 穿黄隧洞大型盾构工作竖井结构特性研究报告[R]. 武汉: 长江水利委员会长江勘测规划设计研究院, 2010.

[5] 王海波, 赵剑明, 王宏, 等. 穿黄隧洞抗震技术研究报告[R]. 北京: 中国水利水电科学研究院, 2010.

[6] 郝长江, 胡长华, 段国学, 等. 穿黄隧洞安全自动化监控系统研究报告[R]. 武汉: 长江水利委员会长江勘测规划设计研究院, 2010.

[7] 符志远, 张传健, 段国学, 等. 穿黄隧洞衬砌 1:1 仿真试验研究报告[R]. 武汉: 长江水利委员会长江勘测规划设计研究院, 2010.

[8] 仲生星, 张健, 夏云, 等. 穿黄隧洞施工技术研究报告[R]. 焦作: 南水北调中线一期穿黄工程中隧集团葛洲坝集团联合体项目经理部, 2010.

[9] 符志远, 张传健, 赵峰, 等. 穿黄输水隧洞施工技术控制标准[R]. 武汉: 长江水利委员会长江勘测规划设计研究院, 2010.

[10] 钮新强, 符志远, 张传健, 等. 南水北调中线穿黄隧洞工程设计关键技术研究与实践技术总结报告[R]. 武汉: 长江勘测规划设计有限责任公司, 2018.

[11] 陈厚群, 王海波, 等. 隧洞与渡槽结构静动力分析与抗震安全评估报告[R]. 北京: 中国水利水电科学研究院, 2002.

[12] 李声平, 吴杰芳, 陈敏中, 等. 南水北调中线穿黄工程隧洞结构内外衬间设软夹层方案抗震分析报告[R]. 武汉: 长江水利委员会长江科学院, 2003.

[13] HARDIN B O, BLACK W L. Vibration modulus of normallyconsolidated clay[J]. Journal of the soil mechanics and foundations division, 1968, 94(2): 353-369.